U0223352

精密工程测量

主 编 赵吉先

副主编 刘 荣 郑加柱
丁克良 聂运菊

科学出版社

北 京

内 容 简 介

本书结合时代发展的需要和作者多年教学、科研的实践，并结合典型精密工程测量的实例，较系统地介绍了精密工程测量的基本理论和方法。全书内容丰富，结构严谨，具有一定的深度和广度，充分反映精密工程测量的最新技术及其应用。

本书可作为测绘、地质、矿业、土建、交通、水电等院校测绘工程专业本科生、研究生的教材和教学参考书，也可供测绘工作者和相关科研人员参考。

图书在版编目（CIP）数据

精密工程测量/赵吉先主编. —北京：科学出版社，2010.2

ISBN 978-7-03-026628-6

Ⅰ.①精… Ⅱ.①赵… Ⅲ.①精密测量：工程测量 Ⅳ.①TB22

中国版本图书馆 CIP 数据核字（2010）第 019423 号

责任编辑：贾瑞娜/责任校对：钟 洋
责任印制：徐晓晨/封面设计：耕者设计工作室

科 学 出 版 社 出版
北京东黄城根北街 16 号
邮政编码：100717
http://www.sciencep.com

北京虎彩文化传播有限公司 印刷
科学出版社发行 各地新华书店经销

*

2010 年 2 月第 一 版 开本：B5（720×1000）
2021 年 1 月第七次印刷 印张：12 1/2
字数：250 000

定价：49.00 元
（如有印装质量问题，我社负责调换）

序

精密工程测量是随着科学技术的发展而发展起来的，其"高精度"与"可靠性"，代表了工程测量的最新发展和先进技术，也是传统工程测量的发展和延伸。精密工程测量服务对象规模大、结构复杂、构件多，精度要求高，测量困难多、难度大，而且应用范围广。在使用仪器和工程建设方面，经常会涉及电子学、物理学、机械学、建筑学、地质学、地震学、气象学、计算机技术、通信技术和自动测控技术等，具有交叉学科和边缘学科的性能，并正逐步向邻近学科渗透，具有大力发展的趋势。

该书是作者多年的技术跟踪和实践经验的总结。首先以合理的深度介绍了精密工程测量的理论和方法，然后介绍了应用高精度的仪器设备和技术来进行精密测角、测距、测高、定向、定位，精密设备、部件的安装定位和微型变量的监测与数据处理。全书内容丰富、结构严谨、重点突出、思路清晰、深度恰当、逻辑性较强，易于学生接受和掌握。

该书作为"精密工程测量"课程的教材，适应当前科学技术的发展和高等教育改革的需要，具有明显的时代特点，它对测绘工程专业工程测量类课程改革作了较好的探索和尝试。我相信这本教材具有一定的推广应用价值。

2009 年 4 月

前　言

精密工程测量是工程测量的分支，是测绘科学在大型工程、高新技术工程和特种工程等精密工程中的应用。精密工程测量主要研究精密工程测量的理论和方法，与其他测量相比，突出了其"高精度"和"可靠性"，代表了工程测量的最新发展和先进的技术，在探讨精密工程理论的基础上，应用了先进的仪器设备和技术，进行精密测角、测距、测高、定向、定位，从而获得各点的三维坐标或进行施工放样、设备安装和求得微量的位移量等一系列测绘信息。精密工程测量精度一般为毫米、亚毫米级，相对精度高于 10^{-6}，甚至更高。

精密工程测量是随着科学技术的发展及其在国防、科研、航空等领域中应用的需要而发展起来的。20 世纪 80 年代以来，科学研究不断向宏观宇宙空间和微观粒子研究领域延伸。由于这些前沿科学研究和现代化建设的需要，必须要建设许多科学实验和复杂的大型工程。这些工程规模大、构件多、结构复杂、精度要求高，为了保证工程的正常运营和高度稳定，不但要求定位精度高，而且在运营期间还要监测其微型变形。显然，这些工程对测量精度要求很高，传统的测量方法已不适应时代发展的需要，这推动了精密工程测量的发展。

全书共分 11 章，第 1 章绪论；第 2 章精密工程控制网；第 3 章精密角度测量；第 4 章精密距离测量；第 5 章精密水准测量和高程传递；第 6 章精密定向测量；第 7 章精密定位测量；第 8 章精密准直测量；第 9 章精密设备安装和检校测量；第 10 章变形监测技术与数据处理；第 11 章精密工程测量数据处理。全书由赵吉先、刘荣、郑加柱、丁克良、聂运菊等撰写，由赵吉先教授负责全书的统稿工作。

本教材在编写过程中得到全国高等学校测绘教学指导委员会主任宁津生院士的指导和帮助，在此表示衷心的感谢。同时感谢东华理工大学副校长、著名的测量专家陈晓勇教授的关心和支持。本书得到江西省"大地测量学与测量工程"省级重点学科的资助，在此表示感谢。

在本书完成之际，特别感谢本书所列参考文献的作者，是他们的研究成果给予笔者极大的启迪和帮助。同时感谢校友李信、田养权、章土来等提供的许多资料。由于作者水平有限，书中错误和不妥之处难免，恳请读者批评指正。

作　　者

2009 年 4 月于江西抚州

目　　录

第1章 绪 论

1.1 概 述

精密工程测量是工程测量的分支，是测绘科学在大型工程、高新技术工程和特种工程等精密工程建设中的应用。工程测量学是研究各种工程建设中测量理论和方法的学科。主要研究工程和城市建设及资源开发等各阶段进行的地形和有关信息采集、处理、施工放样、变形监测、分析与预报的理论和技术，以及与研究对象有关的信息管理和使用。精密工程测量主要研究精密工程测量的理论和方法，突出其"高精度"与"可靠性"，代表了工程测量的最新发展和先进技术。精密工程测量是传统工程测量的发展和延伸，应用先进的高精度的仪器、设备进行测角、测距、测高、定向、定位，从而获得各点的三维坐标或进行施工放样、设备安装和求取位移量值等一系列测量信息。精密工程测量精度一般为1~2mm，甚至亚毫米级，相对精度高于10^{-6}。

精密工程测量是随着科学技术的发展及其在国防、工业、科研、航空和其他领域中应用的需要而发展起来的。20世纪80年代以来，科学研究不断向宏观宇宙和微观粒子研究领域延伸。由于这些前沿科学研究和现代化建设需要，必须要建设许多科学试验工程和复杂的大型工程。例如，高能物理研究中的粒子加速器，卫星和导弹发射轨道，各种大型原子能反应堆，以及核电站和几百米高的电视塔、几十千米长的跨江跨海隧道、桥梁等。这类工程规模大、结构复杂、构件多，为了保证它们的正常运营和高度稳定，不仅要求以高精度安装定位，而且在运营期间还要监测其微型变形，并将其校正到正确位置，因此，对测量工作的精度要求很高。在天体研究中，需要采用各种射电望远镜和天线，在安装它们抛物面的反射镜时，其相对精度高达10^{-8}。在现代化工业生产中，由于生产过程的自动化和产品质量检测的标准化，对其构件的安装定位和检测精度要求都很高。例如航空工业，船舶、汽车等机械制造和核电站建设、卫星发射等，其定位和检测精度都达到0.1mm以上。这类工程的测量工作称为精密工程测量，它是介于测量学与计量学之间的一门科学，也就是说用测量学的原理和方法达到计量级的精度指标，而它们的作业环境和范围又超出了计量工作的界线。因此，有人把精密工程测量又称为"微型大地测量学"或"大型计量学"。

精密工程测量主要为工程建设服务，其工作程序与普通工程测量相似，从属于工程勘察设计、施工放样，竣工后的变形监测等。精密工程测量的方法受到工程特征和施工方案的影响，测量精度也取决于工程的精度需要。

1.2　精密工程测量的特点和测量内容

精密工程测量与普通工程测量相比，在服务范围、精度要求、采用的仪器设备、测量方法等方面都存在一定的差别，概括起来，精密工程测量有以下特点：

（1）精密工程测量的"精密"主要体现在测量精度要求高，一般为 $1\sim$ $2mm$，甚至亚毫米级，相对精度高于 10^{-6}。

（2）服务对象规模大、结构复杂、构件多、测量困难多、难度大。

（3）应用最新的仪器设备，而且仪器性能好、稳定性强、自动化程度高，有时还能遥控作业或自动跟踪测量。

（4）精密工程测量服务领域宽，应用范围广。在使用的仪器和工程建设方面，经常会涉及电子学、物理学、机械学、建筑学、地质学、地震学、气象学、计算机技术、通信技术和自动测控技术等。具有交叉学科和边缘学科的性能，并正逐步向邻近学科渗透，而且有大力发展的趋势。

精密工程测量的特点决定了其对测量人员和测量工作的要求。要深入研究和探讨精密工程测量的新理论、新方法、新的仪器设备，并能排除各种干扰；要不断总结经验，提高测量精度、可靠性和工作效率，确保精密工程测量达到令人满意的效果。为实现精密工程测量的上述目标，其主要工作内容包括以下几个方面：

（1）建立精密工程测量控制网。精密工程测量控制网是为工程建设服务的，其网形结构和点位选择都要求满足工程的需要，而且要求精度高、可靠性强。通常先在图上设计，再放样到实地，建立高标准的测量标志，采用精密测角、测距、定位等方法建立工程控制网或"微型网"，并制定建立控制网的基本原则和观测与检验方法等。

（2）根据工程的特点和精度要求，选用最合适的仪器和先进的测量方法。距离测量一般采用高精度的测距仪、全站仪或干涉测距等，并研究各种误差的影响和改正措施。角度测量采用高精度的光学经纬仪或电子经纬仪。水准测量通常采用高精度的光学水准仪、电子水准仪和液体静力水准仪。定向可采用几何定向和物理定向，物理定向可采用高精度的陀螺仪和激光指向仪等。定位可采用精密测角、测距定位，主要采用 GPS 定位。变形监测可采用上述的精密测角、测距、测高、定向、定位或传感器、机器人等测量微型位移量等。

（3）计量仪器的使用。根据国家有关规定，在测量工作进行之前，必须用计量仪器和设备对各种精密测量仪器进行检定，并测定其系统误差改正系数。

（4）测量仪器多属于电子类仪器，在观测过程中要防止强磁场、强电子辐射和大气折光的影响，测量观测点位置和观测时间都要认真、科学地选择，防止各种外界因素的干扰和影响，确保测量精度。

（5）测量仪器和测量方法要围绕对中、照准、测角、测距、测高、定向、定位及数据采集、记录、传递、处理等工作的自动化进行研究和探讨。

1.3 精密工程测量的精度

精密工程测量的精度目前还没有统一的标准。从理论上讲，应以工程限差要求来推算各种测量阶段的测量精度。例如，大型隧道贯通的中、腰线放样，要根据贯通隧道的长度、作业方式和相遇点的限差来推算确定中、腰线放样的精度和检查措施。又如根据核电站反应堆内设备安装定位的精度，来确定反应堆内部"微网"的布设方式和测量的必要精度。但在多数情况下，由于工程限差无法精确地确定，而且在推算过程中许多参数也是未知数，所以理论推算也无法进行。而且各种工程建设各有特点，有些工程在我国刚刚开始或建设数量很少，更缺乏实际经验，对它们的精度要求，现行规范也可能无明确的规定，往往需要工程的设计人员、施工人员和测量人员共同协商探讨，确认精度要求。仅靠单方面确定精度，有时会产生要求过严。这种过高的精度要求，很可能造成测量工作不必要的人力、财力和时间的浪费，同时可能会造成测量工作的困难。

对于高新技术工程或规范中没有明确界线的构筑物精度要求的工程，在测量设计阶段确定精度指标时，应从以下几方面进行考虑：

（1）确保工程建设的需要和安全运营，并结合目前先进的仪器和技术能实现的程度采用多种模拟计算和综合技术确定精度。例如直线加速器的磁铁定位，根据理论分析，最大允许误差不超过±10mm，同时考虑最终误差可能是由安装误差、磁铁变形、地基沉降、热温膨胀、振动等综合影响的结果，所以界定磁铁定位误差为 0.1～0.2mm。

（2）确保工程建设的质量要求。许多大型工程中，为了实现其目标，有各阶段的多项测量工作，而且这些测量工作相互联系并对测量结果都有影响。要根据测量单位的仪器设备与技术，进行科学分配。例如铁路、矿山两井间的大型隧道贯通工程，其贯通横向误差主要由地面控制测量，两井联系测量，地下控制测量和中、腰线放样四个部分组成。考虑到两井联系测量、地下控制测量受到环境和条件的影响，提高精度有一定的难度，应根据现有条件和技术测量所能达到的精度，剩下部分由地面控制网完成。地面观测条件好、所用仪器精度高、布网灵活，比较容易达到精度要求。

（3）借助于同类工程执行结果，已被证实能确保工程质量的精度指标。核电站反应堆内压力器等主要部件定位精度要达到 0.01mm，而反应堆内微型控制网的最弱点位中误差 0.2mm 就可以满足要求，新建核电站就可以参照此标准执行。

1.4　精密工程测量的发展

精密工程测量是随着社会的进步和科学技术的发展，伴随着航空、航天、国防、工业、科研等特大工程和高科技工程的发展而发展起来的，而且不断深入地下、水域和宇宙空间。20 世纪 40 年代以来，人类先后建立了许多特种工程、巨型工程和高科技工程，如导弹、卫星发射架、高耸入云的电视塔、大型水电站和核电站、周边 27km 的正负电子对撞机、长达 53km 的海底"欧洲隧道"等。这些工程建设中测量工程难度大、精度要求高，许多工程要求达到亚毫米级甚至更高，传统的测量方法和仪器已远远不够使用。为此人类研究和开发了许多新的仪器和相应的测量方法，同时也推动了精密工程测量的飞速发展。

我国建国半个多世纪以来，随着社会主义现代化建设的发展，同样促进了精密工程测量的蓬勃发展。正在建设的北京、上海、广州的地铁，上海、武汉的跨江隧道，刘家峡、葛洲坝、三峡水利枢纽和发电厂，各种大型炼钢转炉，大型造船业，大亚湾、秦山、杨江核电站，以及高能物理加速器、正负电子对撞机等，大大促进了精密工程测量的发展。

精密工程测量的发展已基本形成了一个体系或一个学科，随着现代化建设步伐的加快和科学技术的发展，其发展也将更加迅猛。用目前的观点和认识论来看，精密工程的发展必须加强以下几个方面的深入研究：

1）新理论、新方法的研究

精密工程测量最基本的特点就是精度要求高，工作难度大。它的工作对象都是高科技工程和尖端科学工程。传统的测量理论和方法，如三角网、导线网、线形锁和钢尺量边导线等，已不能满足精密工程测量的需要，要进行新理论、新方法的研究。例如，对全球定位系统（GPS）、雷达干涉测量（INSAR）、传感器和测量机器人等的进一步的研究与开发，更好地发挥它们在精密工程测量中的应用。更重要的一方面，随着科学技术的进步和精密工程测量的需要，研究开发像纳米技术和一些人类目前还未知的新材料、新技术在测量中的应用，使测量精度可达到纳米或微米，而且测量方法大大改善，这是所有测量人员的愿望和发展的方向。

2）减少环境等外界各因素影响的研究

测量工作都在大气中进行，受温度、气压等影响比较大，各类测量仪器在测角、测距、测高、定向、定位和放样中都受到大气折光的影响。气象影响除了折射率公式误差外，还有温度、气压的测定误差。人们曾采取飞机、气球等各种措施测定测线上的气象元素，但没有根本解决问题。气象误差仍是精密工程测量的主要误差源之一。被测物体受热胀冷缩的影响，也会影响测量结果。同时，受地形、地物和大面积水面的影响也不可忽视。

另一方面，现在所用的测量仪器多数是电子类仪器，电磁波在传输过程中除了受大气影响外，还受到强磁场的影响，如电磁波，微波发射台、站，高压线，变电站等。这些环境中的外界因素对测量的影响规律和应采取相应的改正措施的研究，也是精密工程测量研究的重要方向。

3）现代测绘信息处理方法的研究

现代测绘信息不仅仅是点、线、面等三维坐标，而是多维信息，包括时间、色彩、亮度以及地球、太阳运动状态等。测量误差不完全服从正态分布，传统的最小二乘原理并非最优。此外，在精密工程测量和微型变形监测中，传统的统计模型和分析方法也并非最佳。同时，现代测绘信息处理并不是单一的平差，还包括图形、图像、色彩及时间等处理，是多维、多项的综合处理。

现代测绘信息处理要随着精度要求的提高和观测方法的更新，研究新的信息处理模型。如确定性模型、混合模型、动态性模型和不确定性模型等。在处理方法上可采用灰关联法、模糊评判法、神经网络法等，更需要研究一些前人没有用过的信息处理方法，即创新。

4）专用精密测量仪器的研究

常用测量仪器，如全站仪、电子水准仪、激光仪器和 GPS 等，在测绘工作中发挥着巨大作用。但随着科学技术进步和测绘学科的发展，常规测量仪器的精度和自动化、智能化程度还不能完全满足精密工程测量的需要。需要研究专用精密测量仪器，以提高测量的自动化、数字化、智能化和测量精度及其减少外界环境影响的能力，从而能减少测量人员的劳动强度。例如，研究新型的 GPS、全站仪、水准仪、绘图仪、自动传感或遥控类仪器，以及测量机器人、超站仪等最新的测量仪器。还要深入研究目前人类未知的应用纳米技术、网络技术和特殊技术类的测量仪器，以提高测量的精度、效益及其自动化、智能化程度。

习题与思考题

1. 什么叫精密工程测量？
2. 精密工程测量有何特点？
3. 精密工程测量的内容是什么？精度有什么要求？
4. 试述精密工程测量的发展。

第2章 精密工程控制网

2.1 概 述

精密工程控制网是为精密工程服务的，应在工程勘探设计阶段完成。精密工程控制网与常规的控制网相比，具有以下基本特点：

(1) 控制网的大小、形状、点位分布与工程的大小、形状相适应，边长不要求相等或接近，而根据工程需要进行设计，点位布设要考虑工程施工放样和监测的方便。

(2) 投影面的选择应满足"控制点坐标反算的两点间长度与实地两点间长度之差应尽可能小"。如隧道施工控制网应投影到隧道贯通平面上，核电站施工控制网应投影到平均高程面上。

(3) 坐标系应采用独立的建筑坐标系，其坐标线应平行或垂直于精密工程的主轴线。主轴线通常由工艺流程方向、运输干线或主厂房的轴线所决定。

(4) 不要求控制网的精度绝对均匀，但要保证某一方向、某几个点的相对精度较高。例如，强聚焦粒子加速器建设过程中，为了使高速飞行的粒子束不致因在真空管壁陷落或磁撞，要求磁铁安装的相对误差不得超过 0.1~0.2mm。隧道施工控制网的精度要保证隧道横向贯通的准确性。

精密工程控制网不但为施工放样服务，还为某些工程设计提供大比例尺地形图服务，有时还可能为工程施工和运行过程变形监测服务。控制网设计时应考虑一网多用，避免重复建网，必要时可对控制网进行复测。

精密工程控制网的布设方法和步骤与一般控制网一样。首先是收集资料，了解工程和测区环境的具体情况。这项工作进行的好坏，直接影响到网形选择、点位确定、观测方案以及控制网的实用性和可靠性。需要收集的资料很多，应首先收集工程设计图和各项精度指标，以及工程所在地的大比例尺地形图资料。

对所收集的资料进行初步研究之后，为了进一步判定已有资料的正确性和实用性，必须对工程现场进行详细的踏勘，主要了解工程所在地的地形、地物、水文、地质、道路、交通和居民地等情况。接着，结合现场踏勘和工程要求，初步进行选点和确定控制方案。控制网可根据现场的地形、地物、工程大小和精度要求，以及现有的仪器设备，在确保质量的前提下，选择最优方案。

综上所述，精密工程控制测量的基本任务，就是根据工程的特点和要求，布设一定形状和点位适当的控制网，并精密测定其位置，以保证工程的需要。其目的除了为大比例尺地形图测绘服务外，重点是保障工程的精密定位放样、设备安装和变形监测。控制网的作用是控制全局，限制测量误差的传递和积累，保证测量工作的必要精度。

2.2　精密工程控制网优化设计的基础

精密工程控制网的优化设计是应用现代测绘理论和技术，针对工程特点、施工方法和精度要求，设计出最佳的控制网方案。也就是在现有的人力、物力和财力的条件下，使控制达到最高的精度、灵敏度和可靠性，同时使控制网成本最低。本节主要介绍控制网优化设计的分类和质量标准。

2.2.1　控制网优化设计的分类

控制网优化设计除了考虑基准选择外，还考虑网形设计、权设计和加密等。这类设计可由固定参数和自由参数表示，如表 2-1 所示。具体有以下四类：

表 2-1　设计分类

设计类型	固定参数	自由参数
零　类	A, P	X, Q_X
Ⅰ　类	P, Q_X	A
Ⅱ　类	A, Q_X	P
Ⅲ　类	Q_X	部分 A, P

1）零类设计（或称基准设计问题）

此类设计是对一个已知图形结构和观测方案的自由网，为控制网点的坐标及其方差阵选择一个最优的坐标系。实际就是在已知设计矩阵 A 和观测值的权阵 P 的条件下，确定其网点的坐标向量 X 和其协因数阵 Q_{xx}，使 X 的某个目标函数达到极值。

2）Ⅰ类设计（或称网形设计问题）

此类设计是在已知观测值的权阵 P 及其协因数阵 Q_{xx} 的条件下，确定设计矩阵 A。这类设计是寻求点位的最佳位置和最合理的观测值数目。

3）Ⅱ类设计（或称观测值权的分配问题）

此类设计是已知设计矩阵 A 及其协因数阵 Q_{xx} 的条件下，确定观测值的权阵 P，寻求某些元素达到预定的精度或最高精度，同时包括仪器设备的最佳利用以及各种观测手段的最佳组合。

4）Ⅲ类设计（或称网的改造或加密方案的设计问题）

此类设计是已知协因数阵 Q_{XX}，其中设计矩阵 A 和观测值权阵 P 的部分为已知，求待定部分。此类设计是对原有控制网的改造和补充，即加密优化和原网的改进优化，使改造方案达到最佳效果。

2.2.2　精密工程控制网优化设计的质量标准

质量标准是控制网优化设计的核心，没有质量的控制网是无效的，更谈不上优化。因此，质量标准的确定是控制网设计的重要内容。质量标准又称质量指标或质量准则，下面作简要的介绍。

1. 精度标准

精度标准是描述误差分布离散程度的一种度量。当把协方差阵 Q_{XX} 作为已知参数时，Q_{XX} 又称为标准矩阵。也就是在控制网优化设计中使得到的未知数协方差阵 Q'_{XX} 与预先给出的 Q_{XX} 尽可能相等。因此，标准矩阵就是预先给出的理想的协方差阵 Q_{XX}，用 Q_{XX} 对控制网设计提出全面的精度要求。通常情况下，对精密工程控制网的精度要求仅限于标准矩阵中的一些主要因素，所以又称纯量精度标准。纯量精度标准主要有以下几种表达方式：

A 最优　　$\mathrm{Tr}(Q_{XX}) = \min$　　（即协方差阵 Q_{XX} 的迹最小）

D 最优　　$\det(Q_{XX}) = \min$　　（即协方差阵 Q_{XX} 的行列式值最小）

E 最优　　$\lambda_{\max}(Q_{XX}) = \min$　　（即协方差阵 Q_{XX} 的最大特征值 $\lambda_{\max}$ 最小）

S 最优　　$\lambda_{\max} - \lambda_{\min} = \min$　　（即最大特征值与最小特征值之差最小）

上述的标准不包含控制网的全部内容，如某一条边长、某一个方向和某一个点位等精度。比较典型的是隧道工程控制设计中要求其对贯通横向误差的影响最小，不属于上述的任何一个优化标准。这类问题属于局部精度，可用未知数函数式来表示。设有线性化后的函数式矩阵

$$F(X) = fx$$

式中，f 为系数矩阵。根据协方差传播定律，$F(X)$ 的权逆阵 Q_F 为

$$Q_F = f\theta f^{\mathrm{T}}$$

取 Q_F 的迹作为最优标准，命名为 F 标准

$$\varphi(Q) = \mathrm{tr}(Q_F) = \mathrm{tr}(f\theta f^{\mathrm{T}})$$

当 $\varphi(Q) = \min$ 时，可称为 F 最优。

2. 可靠性标准

控制网的可靠性是指控制网探测观测值粗差和抵抗残存粗差对平差结果的影

响能力。为了保证精密工程控制网的设计方案具有较好的可靠性，在设计中必须引入可靠性标准。这里主要讨论控制网的内部可靠性和外部可靠性及其标准。

1）控制网的内部可靠性

控制网通过平差统计检验发现粗差的能力可用两种方法衡量：首先是发现粗差的大小；其次是某一固定大小的粗差被发现的可能性的大小。这里主要指发现粗差最小值（或下限值）和发现粗差的概率。很显然，一个控制网发现的粗差越小或某一固定大小的粗差被发现的可能性越大，则说明网的可靠性越好。下面简要介绍控制网可能发现的最小粗差。由误差理论可得观测值方程为

$$L+V=AX \tag{2-1}$$

式中，L 为观测值向量；V 为观测值改正数；A 为网形的设计矩阵或称为误差方程系数阵；X 是未知数。

由上式可推导出改正数 V 的协因数阵

$$Q_V=Q_L-A\ (A^{\mathrm{T}}PA)^{-1}A^{\mathrm{T}} \tag{2-2}$$

根据 Baarda 的粗差探测理论，单个观测的粗差估计为

$$\delta=\frac{v_i}{\gamma_i} \tag{2-3}$$

相应的方差为

$$\sigma_\delta^2=\frac{\sigma_i^2}{\gamma_i} \tag{2-4}$$

式中，δ 表示粗差估计；v_i 为第 i 个观测值改正数；σ_δ^2 表示粗差估计的方差；σ_i^2 表示观测值观测方差；γ_i 为矩阵 Q_V 主对角线中的第 i 个元素。对于观测值相互独立的情形，则有

$$\gamma_i=Q_{V_i}p_i \tag{2-5}$$

式中，Q_{V_i} 为 Q_V 的对角元素。由式（2-3）和式（2-4），可构成粗差探测统计量

$$T_i=\frac{\delta}{\sigma_\delta}=\frac{v_i}{\sqrt{\gamma_i}\sigma_i}=\propto N\ (0,\ 1) \tag{2-6}$$

对统计量 T_i 进行假设检验。原假设 H_0 为 L_i 中不含粗差，备选假设 H_1 为 L_i 中存在粗差。利用上式所能发现或探测的最小粗差也称为发现粗差的最小临界值为

$$\delta_{i\min}=\sigma_i\ \frac{\delta_0}{\sqrt{\gamma_i}} \qquad (i=1,\ 2,\ \cdots,\ n) \tag{2-7}$$

为了比较不同精度的观测值之间发现粗差能力的差别，将上式中的观测值精度 σ_i 去掉，由此可得一个单纯反映观测值发现粗差能力的无量纲指标

$$\delta_i=\frac{\delta_0}{\sqrt{\gamma_i}} \qquad (i=1,\ 2,\ \cdots,\ n) \tag{2-8}$$

式中，δ_0 为原假设与备选假设之间可区分的最小距离，它的大小由检验的置信水平 $(1-\alpha)$ 和检验功效 $(1-\beta)$ 确定，显然，对于一个控制网，如果 δ_{imin} 越小，说明该网发现粗差的能力越强，可靠性越好。

由式（2-8）可以看出控制网的内部可靠性主要取决于相应的多余观测分量 γ_i。它实际上反映了控制网内部可靠性的大小，因而作为评价内部可靠性的标准。

2）控制网的外部可靠性

可能发现的最小粗差而实际上是不可发现的最大粗差，因此未发现的最大粗差保留在观测数据中，对平差结果的影响为

$$\hat{\delta}_{0i}=\delta_0\delta_i\sqrt{\frac{1-\gamma_i}{\gamma_i}} \qquad (2\text{-}9)$$

上式中的 $\hat{\delta}_{0i}$ 可作为观测值可靠性标准。若令

$$\overline{\delta}_{0i}=\delta_0\sqrt{\frac{1-\gamma_i}{\gamma_i}} \qquad (2\text{-}10)$$

则式（2-9）为

$$\hat{\delta}_{0i}=\overline{\delta}_{0i}\delta_i \qquad (2\text{-}11)$$

上式中的 $\overline{\delta}_{0i}$ 反映了不可发现的粗差对平差未知数的影响，相当于观测误差的倍数。所以 $\overline{\delta}_{0i}$ 也可以作为观测值外部可靠性标准。同时由上式可明显看出外部可靠性也取决于多余观测分量 γ_i，γ_i 越大网的外部可靠性越大，反之则越差。

综合上述讨论，控制网的内、外部可靠性都取决于多余观测分量，这一特性对精密工程控制网的优化设计理论特别重要，可根据多余观测分量建立可靠性标准。因此，也可用多余观测平均值作为控制网的整体可靠性指标

$$\overline{\gamma}=\frac{\gamma(Q_VP)}{n}=\frac{\gamma}{n} \qquad (2\text{-}12)$$

在控制设计阶段，根据网的类型，能对观测值起良好控制的网其多余观测分量应满足下式：

$$\gamma_i \to \overline{\gamma}=\frac{\gamma}{n}\geqslant 0.2\sim 0.5 \qquad (2\text{-}13)$$

3. 灵敏度标准

灵敏度是用来衡量变形监测控制网质量的特殊标准，它反映变形监测网发现变形、区分变形的能力。精密工程控制网根据工程的需要，也可作为变形监测网，所以精密工程控制网设计时，也应考虑网的灵敏度。根据实际要求和背景的

不同，变形监测网的灵敏度可分为总体灵敏度、局部灵敏度和单点灵敏度。下面进行简要介绍。

1）网的总体灵敏度

设精密工程控制网（或监测网）两期观测分别平差后，公共点坐标未知数 X 的两期平差值分别为 $\hat{X}_1$ 和 $\hat{X}_2$，位移向量 $d=\hat{X}_2-\hat{X}_1$。消除附加参数（如定向角未知数）后 $\hat{X}_1$ 和 $\hat{X}_2$ 的相应法方程系数阵为 N_1 和 N_2。根据所考虑的变形模型，可得到位移向量 d 与变形参数向量 C 之间的关系为

$$d=MC \tag{2-14}$$

式中，M 为变形模型系数矩阵，参数 C 的估计值 $\hat{C}$ 由最小二乘法求得

$$d+V_d=M \cdot \hat{C} \tag{2-15}$$
$$P_d=N_1 \ (N_1+N_2) \ -N_2 \tag{2-16}$$

所以

$$\hat{C}= \ (M^T P_d M)^{-1} M^T P_d d \tag{2-17}$$
$$Q_C= \ (M^T P_d M)^{-1} \tag{2-18}$$

可以证明由式（2-17）、式（2-18）可求得 $\hat{C}$ 和 Q_C 是唯一解，并与各期平差基准没有任何关系。

对所给定的变形模型作如下显著性检验：

$$H_0：E(C) \ =0$$
$$H_1：E(C) \ =\hat{C}\neq0$$

由此组成以下统计量

$$\left.\frac{\hat{C}^T Q_C \hat{C}}{\sigma_0^2}\right|_{H_0} \sim x^2 \ (f) \tag{2-19}$$

$$\left.\frac{\hat{C}^T Q_C \hat{C}}{\sigma_0^2}\right|_{H_1} \sim x^2 \ (f, \ \delta^2) \tag{2-20}$$

式中，自由度 $f=rk \ (Q_C \hat{C})$，非中心参数 δ^2 由下式求得：

$$\delta^2=\frac{\hat{C}^T Q_{\hat{C}}^{-1} \hat{C}}{\sigma_0^2} \tag{2-21}$$

应用式（2-19）、式（2-20）就可对变形模型作整体检验。但在网的设计阶段，更有意义的是相反的问题：即给定显著水平 α_0 和检验功效 β_0 的条件下，非中心参数 δ^2 应达到多大时，导致拒绝 H_0 而接收 H_1，其最小变形量是多少？实际上，变形量越小，灵敏度越高。

对某一重要方向 g，变形参数可理解为

$$C = a_0 g \tag{2-22}$$

式中，a_0 为参数 C 在 g 方向上的长度；g 为变形方向的单位向量，有 $\| g \| = 1$。在确定的显著水平 α_0、检验功效 β_0 和自由度 f 的条件下，可查阅有关的诺谟图得到非中心参数的临界值 δ_0^2。将式（2-22）代入式（2-21）可得

$$\alpha_0 = \sigma_0 \delta_0 / \sqrt{g^T Q_C^{-1} g} \tag{2-23}$$

$$V_{0C}(g) = \alpha_0 g = g \alpha_0 \delta_0 / \sqrt{g^T Q_C^{-1} g} \tag{2-24}$$

式中，α_0 为以功效 β_0 所能发现的 C 在 g 方向上的最小变量；$V_{0C}(g)$ 或 α_0 为监测网的总体灵敏度。α_0 越小，总体灵敏度越高。

2）网的局部灵敏度与单点灵敏度

由于特殊环境和条件，网中只有部分或单点可能发生变动时，只对动点进行 x^2 检验，从而得出网的局部灵敏度与单点灵敏度。在网的优化设计时，通常讨论的是单点灵敏度，这样有助于直观地了解网中各点发现变形的能力，这对精密工程控制网关键点位很有意义，同时可有效地评价设计方案的优劣。

设网中第 i 点产生了移动，则由式（2-14）可得

$$C_{ix} = (C_{ix},\ C_{iy}) \tag{2-25}$$

$$M^T = \begin{pmatrix} 0 & 0 & \cdots & 1 & 0 & \cdots & 0 & 0 \\ 0 & 0 & \cdots & \underbrace{0 \quad 1}_{i} & \cdots & 0 & 0 \end{pmatrix}$$

则式（2-18）可变为

$$Q_C = (M^T P_d M)^{-1} = (P_d)_i^{-1} \tag{2-26}$$

式中，$(P_d)_i$ 为矩阵 P_d 与第 i 点相应的子块矩阵。将式（2-26）代入式（2-23）中，可得到第 i 点在给定的 g 方向上的灵敏度为

$$\alpha_{0i} = \sigma_0 \delta_0 / \sqrt{g^T (P_d)_i g} \tag{2-27}$$

$$V_{0i}(g) = \alpha_{0i} \cdot g \tag{2-28}$$

对应的椭圆方程为

$$C^T (P_d)_i C = \sigma_0^2 \cdot \delta_0^2 \tag{2-29}$$

称式（2-29）为单点灵敏度椭圆方程

对于两期不变设计而言，单点灵敏度椭圆参数计算很简单，这时有

$$(P_d)_i = \frac{1}{2} (N)_i \tag{2-30}$$

$$N = A^T P A \tag{2-31}$$

式中，N 为法方程的系数阵

单点灵敏度的椭圆参数为

$$E_i = \sqrt{2} \sigma_0 \delta_0 / \sqrt{\lambda_{\min} (N)_i} \tag{2-32}$$

$$F_i = \sqrt{2}\sigma_0\delta_0 / \sqrt{\lambda_{max}\ (N)_i} \tag{2-33}$$

$$\varphi_{Ei} = \frac{1}{2}\arctan\frac{2N_{xy}}{N_{XX}-N_{yy}} \pm 90° \tag{2-34}$$

$$N_i = \begin{bmatrix} N_{xx} & N_{xy} \\ N_{yx} & N_{yy} \end{bmatrix} \tag{2-35}$$

4. 费用标准

控制网优化设计既考虑精度标准、可靠性标准、灵敏度标准，同时也应该考虑费用标准。在研究和讨论以上三个标准时，不能过分地追求精尖，应以满足工程要求为主，不能产生太大的人、财、物浪费。这包括控制网点密度、使用的仪器设备、观测方法与手段等。在设计时要科学、合理，同时也要考虑费用标准。

建网经费涉及的因素很多，要给出一个合乎实际的费用标准比较困难，虽然人们提出了许多描述费用目标函数的方法，但至今仍没有一个理想的模型，更谈不上统一的费用标准。因此，在优化设计中，最简单的处理方法是以观测权总和作为经费标准。但实际上完成一个测站的测量工作所需要的经费并不能用观测重复数来计算，因为它涉及多项开支。下面只就控制网设计阶段，对费用指标作简要的阐述。

在控制网设计阶段一般以成本作为费用标准来衡量，其表示为

$$成本＝常数×F$$

式中，常数是由控制网以外的因素所决定的；F 为某一函数，它与控制网本身各因素有关，如控制面积、观测精度、观测类型、所用仪器等。

在实际工作中，往往仅考虑一个主要因素，也就是抓关键问题，并且取该因素与成本的一定比例关系，由此可得到一个简单的成本函数，如在水准网测量中，其成本函数取以下形式：

$$成本＝常数×观测值的精度总和$$

当测量仪器设计确定后，提高精度的主要措施就是增加测回数。这样，单纯以测回数来作为费用指标就不是很合适，应考虑用测站总数或观测值的数目来计算成本更符合实际。这种费用指标在观测方案的设计中可直接作为优化问题的目标函数或约束条件。

另一种处理方式是在满足控制网精度标准、可靠性标准的优化设计后，单独进行费用标准优化。当费用优化设计达不到规定的要求时，可修改原设计，成一个迭代过程，这样就简化了优化设计的解算模型，同时也比较符合实际要求，可达到预期的效果。

2.3 精密工程控制网的布设原则

精密工程控制网是为工程的勘测设计、施工放样、设备安装和运营中的变形监测服务的。它是工程建设各阶段和各项工作的测量基础，也是工程质量的根本保证。在控制网布设时既要满足工程要求，又要满足进一步布网（工程内部网）需要。精密工程控制网的布设受到工程的规模、特点、环境条件和施工方法等多因素的影响。因此，精密工程控制网布设时应遵循以下原则：

（1）控制网的大小、图形主要取决于工程的形状、规模和施工方法，以确保工程施工和变形监测的需要。

（2）精密工程控制网是为工程服务的，必须具备必要的精度。控制网的精度是根据工程要求所确定的。精密工程测量点位精度一般为 $1\sim2mm$，甚至亚毫米级，相对精度高于 10^{-6}。由此推算的控制网点位精度高于 $0.1\sim0.2mm$，相对精度高于 10^{-7}。

（3）控制网投影面的选择应满足控制点坐标反算的两点间距离应与实地两点间距离尽可能相等，便于现场施工和检查。

（4）控制点点位设置要稳定可靠，防止工程建设的影响和高电压、强磁场的干扰。

（5）每一个控制点至少能与一个以上的控制点通视，以便使用过程中进行定向或检核。

（6）要建立钢筋混凝土的强制归心装置，既减少对中误差影响，又便于长期保存和使用。

（7）为了保证控制网的精度，应充分利用高精度的测量仪器，同时应采用现代化的观测技术和先进的数据处理方法。

（8）精密工程控制网点位选择时，因为有高精度的测量仪器和观测方法，应重点考虑工程需要和使用方便，而不必考虑网中的边长长短和角度的大小。

2.4 精密工程控制点的测量标志

精密工程测量采用的各种测量标志，是施工或安装测量的控制点、变形监测的基准点和观测点。由于各种测量标志的作用不同，其结构与特点也不相同，精密工程测量标志分为观测点标志和照准点标志。

2.4.1 观测点标志

观测点标志通常指观测墩，是精密工程测量的必备条件。为了保证其长期、稳定使用，减少重复测量的对中误差影响，可在观测墩上安置强制归心装置，如图 2-1 所示。观测墩采用钢筋混凝土现场浇灌，基础应埋在岩石上或深埋在冻土层以上 0.3m 处，并在观测墩的基础平台上设置水准点标志。强制归心装置均采用不锈钢或合金材料制作。强制归心盘的形状如图 2-2 所示。下端焊接 3～4 根长 20cm 左右的钢筋，插入钢筋混凝土中用以固定，并使归心盘保持水平。归心盘表面要有一定的光洁度，归心盘中心螺孔应与表面垂直，

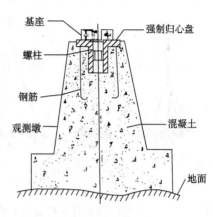

图 2-1　观测墩示意图

螺孔通常采用圆环形。用于连接仪器基座和归心盘的连接螺旋，直径应与螺孔相适应，便于使用。连接螺旋上端的螺纹根据目前测量仪器基座螺纹的特点，有公制和英制两种。为了满足各种类型仪器的使用，连接螺旋应配制两种。

归心盘为了防止受到工程建设和各种情况的损坏，应配备归心盘保护盖，保护盖一般用硬质塑料制成，并有锁定装置。

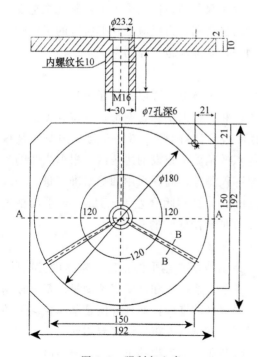

图 2-2　强制归心盘

2.4.2　照准点标志

照准点标志是测量的必备条件。为了满足观测员眼睛的精确瞄准，照准标志的基本要求是反差大、亮度强、清晰度好，同时无相位差，而且其形状、大小及颜色应有利于照准。照准标志的形式较多，有标杆式、测钎式和吊垂球等，如图 2-3 所示。除了上述常用的标志外，还有觇牌，觇牌的图案有塔形、条形和楔形标志，如图 2-4 所示。一般觇牌都配有不同的颜色，以便于观测员眼睛辨别，提高观测精度。

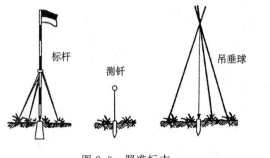

图 2-3　照准标志　　　　　　　　　　　　　　图 2-4　觇牌

2.5　几种典型的精密工程测量控制网

2.5.1　核电精密工程控制网

核电工程控制网由于其工程的特殊性，分为反应堆外围控制网、反应堆内微型控制网和变形监测控制网三部分。各种控制网各具特色又相互联系。

1. 反应堆外围控制网

核电精密工程测量是为核电建设各阶段服务的。反应堆外围控制网是把反应堆作为一个独立的厂房，在其外围布设的控制网，为反应堆外部所有的工程建设服务。所以反应堆外围控制网又分为勘察控制网和施工控制网。

1）勘察控制网

勘察控制网用于地形测量、勘察设计、土石方工程以及临建设施、独立工程定位和检核。这种控制网应根据地形条件和工程大小确定网形、点位和点数，可布设成导线网、三角网、测边网、边角网、GPS 网等。图 2-5 为我国早期某核电站的勘察控制网，是在三个国家三等点的基础上布设的边角网。根据当时的条件采用 DI3s 测距仪往返测边，用 T_2 经纬仪测角，高程采用四等水准测量。平差后测角中误差±2″.2，最弱点中误差±6mm，高程闭合差为±12mm，平面精度和高程精度都优于±20mm，满足 1∶200 地形图测绘的需要。

2）施工控制网

核电站施工控制网是勘察设计后，在场地基本整平的基础上建立的控制网，它包括基本控制网和局部网两部分，服务于土建工程和设备安装测量。基本控制网是布设在整个工程区内的控制网，是局部网的基础，而局部网是基本控制网的补充。局部网根据工程需要布设成轴线网、方格网、矩形网等专用网。

施工控制网主要用于建筑物的主轴线和非独立工程的定位。由于核电站结构

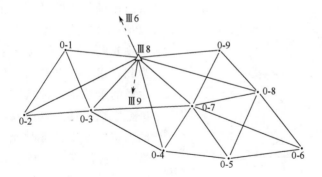

图 2-5 勘察控制网

复杂，相互联系密切，有时仅用局部方格网放样是不够的，经常用施工控制网点放样。施工控制网的精度要求，主要取决于重大设备的定位精度，通常控制网点位精度取重大设备定位精度的 1/3。因此，根据反应堆外部各种设备和土建工程的精度要求，核电工程外围施工控制网的平面精度都优于 ±4mm。我国广东大亚湾核电站施工控制网点位精度取 ±2mm，秦山核电站由于特殊的地形，施工控制网点位精度取 ±4mm。图 2-6 为某核电站的施工控制网，是在 4 个三等点基础上布设的，共由8 个点组成。观测墩是现场浇灌的钢筋混

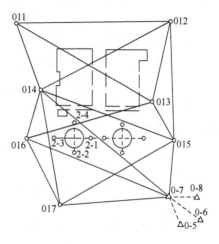

图 2-6 施工控制网

凝土台柱，高出地面 1.2m，台柱顶部预埋直径 20cm 由不锈钢制成的强制归心盘，供各类仪器和照准标志应用，其加工精度为 ±0.1mm。

反应堆外围施工控制网应注意：

（1）施工控制网的基本网至少有一组远离动建区的稳定的控制点，以便对整个网进行定位、定向和检核。这组点应埋设在基岩上，可埋设倒锤装置，这些点是整个网的基础，可监测整个网的变化，确保工程质量。

（2）把反应堆主轴线纳入施工控制网，或建立以反应堆中心为坐标原点、反应堆主轴为坐标轴的独立坐标系统。

2. 变形监测控制网

核电站在设计时已考虑到各种事故发生的可能性，在施工过程中能采取一切

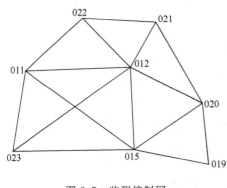

图 2-7　监测控制网

措施，确保工程质量。但是，各种难以预见的自然因素也会导致厂房等建筑物变形，影响核电设备的安全运行。为此，建立核电站变形监测系统，对主要的建筑物、构造物、岩体和边坡进行定期监测，以便及时掌握其变形的动态，发现异常时能及时采取有效措施，确保安全。核电站变形监测对象主要是厂房区、挡水建筑物和边坡位移等。监测控制网一般在施工控制网基础上布设，如图 2-7 所示，监测网是在施工控制网 011、012、015 三个点基础上布设的。采用边角网，点位精度不低于±2mm。

建立变形监测网应考虑：

（1）控制点应选在地质条件好的不动区，应考虑监测点或监测对象的高度，同时充分考虑控制点与监测点间的通视条件。

（2）监测网应有足够的精度，以利于变形监测，在网的设计时，应考虑有足够的灵敏度和抵抗粗差的能力。

（3）控制网应一次布设，整体平差，定期复测，进行变形预报，找出点位变化规律。

（4）监测网应与施工网采用统一的坐标系统，控制点高程应用水准测量。

2.5.2　对撞机环形段平面控制网

正负电子对撞机是一种高能物理试验设备，旋转速度快，定位、定向精度要求高，是一项名副其实的精密工程测量。为了达到对撞机的高速、科学运行，必须建立精密工程控制网，这种网是建立在地下空间的环形控制网，其精度要求高，测量工作难度大。

图 2-8 所示的网为国内外对撞机环形段常布设的网。它由若干个点组成，边长近似相等，采用重叠三角锁形式。由于受到地下条件的影响，

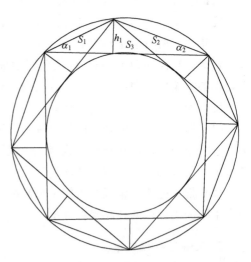

图 2-8　对撞机环形段平面控制网示意图

边长采用高精度的测距仪 ME3000 或 ME5000 测量，测距中误差要求 $\leqslant$ ± 0.02mm。角度采用高精度的电子经纬仪观测，测角中误差要求$\leqslant 1.''0$。高程采用激光准直仪或测高仪等测量，高差中误差要求$\leqslant \pm 0.08$mm。

北京正负电子对撞机环形段控制网与常用的网形图 2-8 相似，但实际观测精度常规环形网为：测角精度达到$\pm 0.''04$，测距中误差优于± 0.02mm。完全满足各类设备的安装要求，确保了对撞机的安全运行。这类精密工程网在设计和施测过程中，应注意以下几点：

1）控制网类型选择和网形设计

取决于工程的实际情况和工程要求，设计人员必须认真学习和深刻了解工程的具体情况，并向工程总设计师汇报初步设想，征求其意见。

2）控制网实施方案的选定

在控制网类型和网形设计确定之后，应对实施方案进行研究和选定。尤其像对撞机的地下环形段控制网，精度要求高，观测条件差，在满足工程精度要求的前提下，不要盲目地无止境地追求高精度，要选择最简化且具备条件的可行性方案，要注重关键部位和关键方向的精度。

3）认真执行实施方案和检核

控制网实施方案选定后，要严格执行。要达到精密测量的目的，首先要对所有上岗的仪器进行严格的检验与校正，并确保强制归心装置和照准目标的精度。在观测过程中应选择最佳的观测时间，并尽可能减少外界各种环境因素的影响（如温度、风力、气流、强磁场、电磁辐射等），重要环节还要进行各种因素的改正。

4）控制网要定期进行检测

在工程建设过程中，由于施工时间长和施工机械多等因素的影响，要对控制网进行定期检测。在进行关键或要害部位放样时，要对控制点进行复测。如发现意外情况，要立即检测或采取相应的措施。

习题与思考题

1. 精密工程控制网的基本特点是什么？
2. 精密工程控制网优化设计的质量标准主要指哪几个方面？
3. 精密工程控制网在布设时应遵循哪些原则？
4. 典型精密工程控制网有何特点？
5. 精密工程控制网的点位选择和观测方法与常规测量有何不同？

第 3 章 精密角度测量

3.1 概 述

精密角度测量是精密工程测量的重要内容。角度是测量的基本元素之一，是实现精密定向、定位、施工放样、设备安装、测定空间各点的三维坐标和物体的微量形变的重要途径。精密角度测量主要研究角度测量的新技术、新方法并防止各种误差对角度测量的影响，以达到精密测角的目标。随着科技的进步和测绘学科的发展，测角仪器已由游标经纬仪、光学经纬仪发展到全站仪，测角精度已达到了 0.1″，甚至更高。精密测角与常规的角度测量相比，有以下几个特点：

（1）精密角度测量都采用高精度的测量仪器，其观测方法与常规的测量方法不完全一样，当采用电子经纬仪或全站仪观测时，已实现了自动化、数字化。

（2）由于精密工程的特点，决定了角度测量的环境和条件与常规野外环境不一样，往往受到热量、烟尘、气流和振动等因素的影响，观测条件差，工作难度大。

（3）由于高楼、烟囱、高塔等高层工程建设和施工，以及场地物资堆放，有时观测点间高差悬殊大，往往给测量工作带来不便。

（4）施工现场人员、车辆流动多，往往阻挡视线，影响测量的连续性，直接影响自动测角的精度。

（5）由于工程的需要，各控制点间的距离相差比较大，在测量过程中，由于一测回内不断调焦，会给照准产生一定的影响。

3.2 角度测量误差

精密角度测量除了使用相应的高精度测量仪器外，还应注重减弱各种误差的影响。测角误差主要包括仪器误差、观测误差和外界环境影响误差等。

3.2.1 仪器误差

精密角度测量无论采用光学经纬仪还是电子经纬仪（或全站仪），其测角精度都要求很高。但由于仪器结构的原因，都存在着轴系误差和其他误差。主要包括视准轴误差、横轴误差、竖轴误差、构件偏心误差和度盘刻划误差。

1. 视准轴误差

仪器的视准轴误差有两种情形：视准轴不垂直于横轴，而产生的误差称为视准轴横向误差 C；视准轴纵向倾斜误差，即相对于垂直度盘零点位置产生了偏移 i。对视准轴横向误差 C，由于盘左、盘右观测时符号相反，采取盘左、盘右观测取平均值可以消除误差 C 的影响。对于全站仪视准轴纵向倾斜误差，由于视准轴倾斜并不改变视准轴在水平度盘上的投影，所以视准轴纵向倾斜误差对水平度盘读数没有产生影响；但视准轴纵向倾斜误差直接改变了视准轴在垂直度盘上的投影，对垂直角观测产生了影响，其误差大小就等于视准轴纵向倾斜误差 i。这种误差属系统误差，可在观测值中加以改正，消除视准轴纵向误差对垂直角观测精度的影响。

2. 横轴误差

仪器横轴与竖轴不垂直而产生的误差称为横轴误差或横轴倾斜误差。当竖轴处于铅垂状态，而横轴与其不垂直，倾斜为 α 角，这个 α 角就是横轴倾斜误差。光学经纬仪横轴误差直接影响水平方向读数。当盘左、盘右观测同一目标时，水平方向读数误差值相等、方向相反，所以，也可采取盘左、盘右观测平均值的方法消除横轴误差影响。这里重点介绍全站仪的横轴倾斜所引起的误差。

1）全站仪横轴倾斜误差对水平方向观测值的影响

如图 3-1 所示，Y 为横轴的理想位置，在理想状态下，仪器照准一目标，望远镜上下转动，视准轴所扫过的面 AOB' 是理想面。但由于横轴与竖轴不垂直而

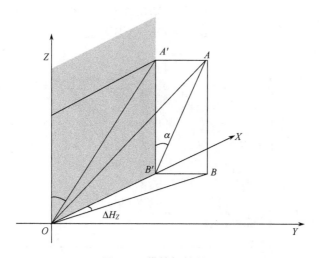

图 3-1　横轴倾斜误差

倾斜了 α 角，那么望远镜视准轴 OA 所扫过的面 AOB' 为斜面，视准轴 OA 在水平度盘平面的投影为 OB，这样 $\angle BOB'$ 为横轴倾斜角 α 造成的水平观测值误差 ΔH_Z，Z 为天顶距读数。从图中可得出以下关系式：

$$\tan\alpha = AA'/A'B' = BB'/A'B' \tag{3-1}$$

$$\tan\Delta H_Z = BB'/OB' \tag{3-2}$$

$$\tan Z = OB'/A'B' \tag{3-3}$$

把式（3-2）、式（3-3）整理后代入式（3-1）可得

$$\tan\alpha = \tan\Delta H_Z \cdot \tan Z \tag{3-4}$$

因为 α 为极小的角度值，所以上式可以表示为

$$\Delta H_Z = \alpha \cdot \cot Z \tag{3-5}$$

从式（3-5）中可清楚地看到横轴误差 α 对水平角观测值的影响随着天顶距的变化而变化。当 $Z=90°$ 时，$\Delta H_Z = 0$，这充分说明了当照准目标是水平方向时，横轴倾斜误差对水平观测值的读数不会产生影响。只有当观测目标点高低不平时，水平角读数将产生误差。

2）全站仪横轴倾斜误差对竖直方向观测值的影响

如图 3-2 所示，当仪器横轴位置正确时，望远镜照准某一目标后，望远镜上下旋转，视准轴所扫过的面 $A'OB$ 是理想面，天顶距的正确读数为 Z。但由于视准轴的位置不正确，当望远镜上下旋转时，视准轴所扫过的面为 AOB'，天顶距读数为 Z'，横轴倾斜误差为 α。从图中可知：$A'B \perp OB'$、$A'B' \perp AA'$、AB' $\perp OB'$。

从图中的相互几何关系可得到

$$\tan Z' = OB'/AB' \tag{3-6}$$

$$\tan Z = OB'/A'B' \tag{3-7}$$

而

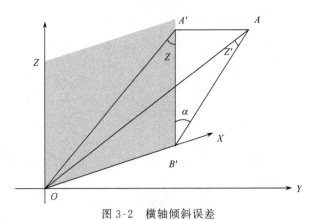

图 3-2　横轴倾斜误差

$$A'B' = AB' \cdot \cos\alpha \tag{3-8}$$

$$\tan Z = \tan Z'/\cos\alpha \tag{3-9}$$

由于 α 角是一个极小角度值，所以可近似认为 $\cos\alpha = 1$，此时，由式（3-9）可得

$$Z = Z' \tag{3-10}$$

从上面的关系式中，可得出结论：横轴正确时，某一目标的天顶距读数和横轴倾斜时目标天顶距的读数近似相等。实质上横轴倾斜误差对竖直方向的观测值影响很小，不需要进行改正。

3. 竖轴倾斜误差

竖轴倾斜误差是指竖轴与重力线不平行导致的水平方向和垂直方向的测量误差。现在精密测角常用光学经纬仪和全站仪，以下分别讨论其竖轴倾斜误差对测角的影响。

1）光学经纬仪的竖轴倾斜误差

采用光学经纬仪测角时，竖轴倾斜使由度盘位置读得的方向值与实际方向值之间产生方向误差，而且这种误差难以有效地用观测方法进行消除。实际上这种误差是角度测量最主要的仪器误差，特别是当角度所夹的两个方向竖直角相差显著时，竖轴倾斜会使水平角观测值产生较大的误差。

设仪器的竖轴倾斜为 V，在照准第一方向时产生的误差为

$$\Delta_1 = V \cdot \cos\beta \cdot \tan\alpha_1 \tag{3-11}$$

式中，β 为横轴与竖轴最大倾斜方向的夹角；α_1 为第一方向的竖直角。

当照准第二方向时，由第一方向转到第二方向所转过的角度为 β'，则竖轴倾斜对第二方向的影响为

$$\Delta_2 = V \cdot \cos(\beta + \beta') \cdot \tan\alpha_2 \tag{3-12}$$

式中，α_2 为第二方向的竖直角。

由以上两式可得竖轴倾斜对两个方向构成的水平角测量误差为

$$\Delta = \Delta_2 - \Delta_1 = V \cdot [\cos(B + B') \cdot \tan\alpha_2 - \cos B \cdot \tan\alpha_1] \tag{3-13}$$

由上式可知，竖轴倾斜对水平角观测值的影响不仅与 V 有关，而且与竖轴倾斜方向的夹角 β 有关，同时也与所测方向的垂直角 α 有关。为了减少竖轴倾斜误差对测角的影响，在观测时，必须保持水准管轴严格居中，以减少竖轴倾斜 V 值。对于高精度测角，每测回之间可转动仪器基座，并重新严格整平仪器，转动的角度为 $180°/n$，n 为测回数，这样就减弱了竖轴倾斜对观测值的影响。

2）全站仪的竖轴倾斜误差

全站仪竖轴倾斜误差对角度测量同样有影响。全站仪竖轴倾斜分横向（横轴

方向）倾斜 α_y 和纵向（视准轴）倾斜 α_x，以下分别进行讨论。

（1）竖轴横向倾斜 α_y 对角度观测值的影响。

由于竖轴横向倾斜 α_y 和前面所讲的横轴倾斜 α 对天顶距的影响相同，而且推导方法也一样，可得出：竖轴横向倾斜误差对天顶距观测值影响极小，可忽略不计。这里只简要介绍竖轴横向倾斜 α_y 对水平观测值的影响。

竖轴横向倾斜 α_y 对水平观测值的影响如图 3-3 所示。其推导方法与横轴倾斜推导方法也一样，很容易得出

$$\tan\alpha_y = \tan\Delta H_Z \cdot \tan Z \tag{3-14}$$

因为 α_y 为极小角值，由上式可得

$$\Delta H_Z = \alpha_y \cdot \cos z \tag{3-15}$$

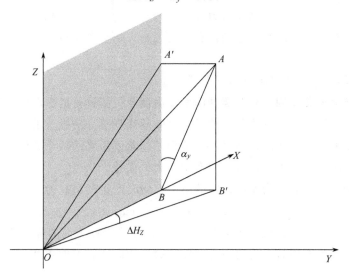

图 3-3　竖轴横向倾斜误差

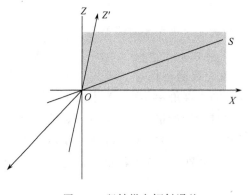

图 3-4　竖轴纵向倾斜误差

由上式可知，竖轴横向倾斜对水平观测值的影响与照准点天顶距有关。

（2）竖轴纵向倾斜 α_x 对角度观测值的影响。

竖轴纵向倾斜并没有改变视准轴在水平面上的投影位置，所以竖轴纵向倾斜对水平观测值不产生影响。这里仅介绍竖轴纵向倾斜 α_x 对竖直方向的影响。

如图 3-4 所示，OZ 为垂重力线，

OZ' 为竖轴，竖轴与重力线有一个倾斜角，这个倾斜角就是竖轴纵向倾斜 α_x，OS 为视准轴，从图中可以得出

$$\angle ZOS = ZOZ' + \angle Z'OS \tag{3-16}$$

而天顶距真值为

$$Z = \angle ZOS = Z'_0 + \alpha_x \tag{3-17}$$

全站仪天顶距测量值为

$$Z° = \angle Z'OS \tag{3-18}$$

竖轴纵向倾斜

$$\alpha_x = \angle ZOZ'$$

由式（3-18）、式（3-17）得

$$\Delta Z = Z - Z° = \alpha_x \tag{3-19}$$

由上式可见，竖轴纵向倾斜 α_x 直接影响天顶距的大小。

4. 度盘刻划误差

光学经纬仪在制造过程中，由于种种原因可能导致度盘刻划不均匀，称为度盘刻划误差。这个误差是直接方向观测值误差。在高精度水平角观测时，采用几个测回观测，而各测回起始方向变换度盘为 $180°/n$ 的方法，然后取各测回的平均值，可以减少度盘刻划误差的影响。

3.2.2　观测误差

观测误差是由观测人员的素质、能力、技术及责任心，对观测结果产生的误差。这种误差主要包括对中误差、目标偏心误差和照准误差等。

1. 仪器对中误差

对中误差是指仪器中心偏离了测站点中心所产生的测角误差。如图 3-5 所示，O 为测站点，A、B 为目标点，O' 为仪器中心地面上的投影，OO' 为偏心距，以 e 表示，则对中引起的测角差为

$$\Delta\beta = \beta - \beta' = \delta_1 + \delta_2 \tag{3-20}$$

$$\delta_1 = \frac{e}{D_1}\rho \cdot \sin\theta \tag{3-21}$$

$$\delta_2 = \frac{e}{D_2}\rho \cdot \sin(\beta' - \theta) \tag{3-22}$$

式中，$\rho = 206265$。

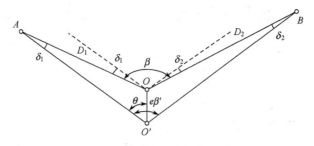

图 3-5　仪器对中误差

由上式可得

$$\Delta\beta=\delta_1+\delta_2=e\left[\frac{\sin\theta}{D_1}+\frac{\sin\ (\beta'-\theta)}{D_2}\right] \tag{3-23}$$

由上式可见，仪器对中误差引起的水平角观测误差 $\Delta\beta$ 与偏心距 e 成正比，与边长成反比。当 $\beta'=180°$，$\theta=90°$ 时，$\Delta\beta$ 值最大。

精密工程测量时，通常边长比较短，对中误差对测角的影响比较显著，一般的对中方法很难满足精度要求，必须采用强制对中装置。

2. 目标偏心误差

目标偏心误差是指测量时照准标志中心偏离了目标点中心而产生的测角误差。如图 3-6 所示，A' 为瞄准标志中心，A 为目标点中心，e_T 为偏心距，则目标偏心误差引起的测角误差为

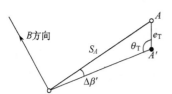

$$\Delta\beta'=\frac{e_T}{S_A}\rho\cdot\sin\theta_T$$

图 3-6　目标偏心误差

式中，e_T 为偏心距；θ_T 为偏心角；S_A 为边长。

由上式可知，目标偏心误差引起的测角误差与偏心距 e_T 成正比，与边长成反比。所以，短边测角要特别注意目标偏心误差的影响。

3. 瞄准误差

瞄准误差是指望远镜十字丝偏离了瞄准标志中心而产生的测角误差。影响瞄准误差的因素很多，如望远镜放大率、人眼的分辨率、十字丝粗细、标志形状和大小、目标的影像亮度、颜色等。通常以人眼最小辨视角（60″）和望远镜放大率 v 来估算望远镜的瞄准误差

$$m_v=\pm\frac{60''}{v} \tag{3-24}$$

为了提高瞄准精度，应注重瞄准标志的形式、图案与颜色。精密测角时，宜采用照准标牌，不宜采用杆状标志，以避免由于阳光照射而对观测人员产生视觉差。照准标牌应有足够的颜色反应（如白底黑标志），而且图案中心对称。标志线的宽度应科学、合理，便于瞄准。标志线的宽度可按下式计算：

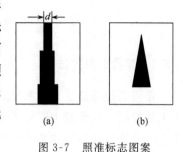

图 3-7 照准标志图案

$$d=\frac{\mu}{2\rho}S \qquad (3-25)$$

式中，μ 为十字丝双丝所夹角值；S 为视线长度。

照准牌的标志线宽度也影响瞄准精度。为了使照准牌能在较大范围应用，可按图 3-7 形式刻制。

3.2.3 环境条件的影响

精密工程测量是为精密工程服务的，服务对象常为高层超高层建筑、地下工程、封闭工程、隐蔽工程或特殊工程等。观测环境条件差、影响因素多，而且十分复杂，难以控制，直接影响角度测量的精度。

在地面观测时，环境条件主要包括大气状况、地面覆盖物、建筑物、地形条件等，这些对精密测量有着直接的影响。在精密角度测量时，主要体现为大气折光、旁折光的影响。由于大气折光梯度，使测量的光线产生抖动，直接影响瞄准目标而产生测角误差。

影响水平角观测误差的是光路沿线水平方向分布的温度梯度，影响垂直角观测误差的是光路沿线垂直方向分布的温度梯度。在精密角度测量时，若视准线一侧紧靠太阳照晒的建筑物，或者视准线所经处一侧为山体而另一侧为凌空面，很容易在光线两侧形成较大的水平温度梯度场，使光线发生弯曲，产生旁折光的影响。

为了减少旁折光的影响，精密测角时应避开明显的折光区，观测视线应离砂石地面、水面或一侧为大面积建筑物的距离 1m 以上。还可以选择最佳观测时间和观测条件，如日出前后或阴天有微风时。

在地下工程、封闭工程或特殊工程中测量时，对于热量、气流、烟尘、滴水或爆破等应采取回避措施，防止这些干扰因素的影响。

现代高精度测角往往采用高精度全站仪，电子仪器的测角信息由电磁波传递，往往受到高压线、微波站、无线电发射台等强磁场的影响，在点位选择时，应尽量避开以上干扰。

3.3　精密测角方法和提高精度的措施

3.3.1　精密测角方法

精密工程测量的角度测量，其精度要求与国家等级网相近，甚至更高。但精密工程控制网点位是由工程需要和观测条件所决定的，不可能像国家等级网一样几乎等边等角，边长和角度有时会相差悬殊。例如，边长短的只有十几米，长的有几千米，甚至更长；角度相差也很大，有的水平角相差近 $300°$。精密工程控制网也常用测回法和方向法，但遇到上述情况，常规的测角方法无法进行，则采用一个测站上按方向正倒镜连续测量的方法。即在某个测站上，有多个观测方向，按设计需要测几个测回，由于边长（目标距离）相差大，若采用测回法或方向法，调焦次数太多，会影响观测精度。测量时，因采用高精度的测角仪器，可每个方向单独进行正倒镜连续测几个测回，由观测结果得出每个方向的观测值。这种方法，作者在秦山核电站重水堆工程首级精密工程控制网测量中得到试验和论证，测角中误差达到 $\pm 0.1''$。

3.3.2　提高精度的措施

精密角度测量目前常用高精度、高质量的全站仪，如 TC2003。这类仪器测角精度高，稳定性好，而且采用了电子补偿技术，对仪器的轴系误差、度盘误差等进行了电子校正。实际上角度测量误差主要是观测误差和外界环境条件影响的误差。显然，要提高测角精度，除了常规测角方法注意事项外，应在上述两方面采取相应的措施，具体如下：

（1）由以上叙述可知，精密测角精度与人为因素有关，观测人员必须业务熟练、经验丰富、技术性强，而且有较强的责任心和事业心，工作认真负责。

（2）采用强制归心装置，可减少对中误差和目标偏心误差。

（3）精密测角的照准标志宜采用照准标牌，不应采用杆状标志，而且应考虑颜色的反应，如白底黑标志、图案呈对称形，这样可减少瞄准误差。

（4）在地面或阳光下观测，主要受大气折光、旁折光的影响比较大，视线应离地面覆盖物（水面、砂石面等）和侧面的墙体类建筑物大于 1m，以防止折光和旁折光的影响。在观测条件和观测时间上可选择阴天有微风或日出、日落前后观测，以减少大气折光等外界条件影响。

（5）在地下工程或封闭工程条件下观测时，要防止烟雾、气流、灰尘和振动等的影响。

（6）采用全站仪等电子仪器观测时，要避开高压线、无线电发射台、微波站等强磁场的影响。

习题与思考题

1. 精密角度测量有何特点？
2. 精密角度测量是否有特殊的观测方法？
3. 精密角度测量误差主要包括哪几个方面？
4. 试述提高精密测角精度的措施。

第4章 精密距离测量

4.1 概　　述

距离测量是测量工作中的主要因素之一。在精密工程测量中，精密距离测量通常是在特定的环境或特殊的要求下进行的，精度要求高，工作难度大。传统的测距方法很难满足要求。现阶段精密距离测量常采用机械法、光电测距法、干涉法和自动化测距等方法。这些方法所采用的仪器、设备种类多，使用方法也各有特色。这里仅分别介绍现代精密量距的设备、干涉测距、电磁波测距仪等。高精度的测距仪器各具特色，精度和自动化程度高，充分反应了现代的测绘技术和水平。精密距离测量与常规的测量方法相比，有以下特点：

(1) 测距精度高，单边测距精度达到 0.1mm，相对精度高于 10^{-7}，甚至更高。

(2) 采用最先进的测距仪器和技术，自动化程度高。

(3) 精密距离测量涵盖范围大，从几微米到数十千米。

(4) 观测条件比较特殊，常有灰尘、烟雾、气流、滴水，甚至还有机械振动的干扰。有时还会缺少自然光，照度不理想。

(5) 由于精度要求高，测站点常采用强制归心装置。

(6) 测量难度大，对测量人员要求高，不但要经验丰富、技术熟练，而且还要求责任心强，工作认真负责。

4.2　现代精密量距的设备

经典的悬空距离丈量法采用铟瓦基线尺，配有滑轮拉力架和轴杆架等，测距精度比较高。在当时没有高精度测距仪器的情况下，将悬空距离丈量法所测距离作为三角网的起始边。这种方法量距时，主要误差包括：①分划尺读数误差；②倾斜改正误差；③温度改正误差；④轴杆架定线误差；⑤引张力变化引起的误差；⑥风力影响误差；⑦线尺检定误差。

以上这些误差很难全部消除，同时还受到气候变化和作业人员水平的影响。而且作业人员多，劳动强度大，所以，这种方法已逐步被新的测距方法所替代。

现代精密测距设备，是在对经典的悬空量距方法进行重大改革的基础上研制的。这些设备量距具有精度高、可靠性好、操作简便、速度快、效率高等优点。现代自动化测距设备型号多，但其精密测距的原理基本相似，这里只介绍几种有代表性的测距装置。

1. Distinvar 测距装置

为了克服铟瓦基线尺悬空量距的各种缺点，CERN 于 1962 年成功研制出自动化铟瓦测距装置 Distinvar，实现了测距自动化。该装置由三部分组成，如图 4-1 所示：①直径为 1.65mm 的带有尺夹的铟瓦线尺；②带有标准插销的测量装置；③强制对中的附件。

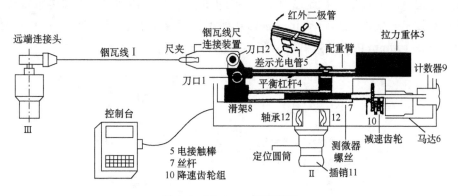

图 4-1　Distinvar 测距装置

Distinvar 的测距原理，是将测距装置以插销固定在所测边的两端的标准插座内，并可由测距装置底部的轴承将装置绕插座中心轴灵活旋转，对准另一端点中心。平行的刀口 1 和 2 以及平衡拉力重体 3，通过平衡杠杆 4，实现对线尺的引张，标准拉力为 1.5kg。测量时，通过仪器内部马达转动，带动丝杆转动，同时记数盘开始记数。丝杆的转动带动整个滑架平移，铟瓦线尺逐渐被拉紧，达到预定拉力（1.5kg）时，光电传感器使马达停转。待线尺稳定后，可在读数盘上读数，测距中误差可达 0.03～0.05mm。

为了适应不同距离的测量，该仪器用多条不同长度的铟瓦线尺，可在 0.4～50m 内变化；滑架总的行程是 50mm，读数内符精度为 0.01mm。

该法测距相对铟瓦线尺的经典丈量法，主要特点是以刀口结构的杠杆代替由滑轮和重锤组成的拉力系统，其拉力灵敏度可达 0.002kg 的水平，减少了拉力误差。此外，以自动计数装置取代人工估读，极大地提高了读数精度。经过大量的试验，充分证明该仪器测距中误差可达 0.03～0.05mm，不愧为精密测距仪器。

2. UPUHA（伊里纳）测距装置

UPUHA 测距与上述的 Distinvar 相似，但机械部分更简化，且耗电少，重量轻。仪器的测距原理如图 4-2 所示，工作方式如下：当测量部件沿导轨移动时，线尺被引张，拉力增大，进而使拉力传感器输出信号增大，信号被整形放大后，进入比较器中。信号与来自控平电机控制的额定数值进行比较，形成脉冲信号。在此脉冲信号的控制下，将由滑架位置传感器探测出的，经可逆计数器计数的表达滑架位置位移的数值存入寄存器，便于直接读取或输入计算机。由此可见，该仪器的基本原理，就是将线尺实际拉力数值与水平时的额定数值进行比较，并记录滑架位置。在此过程中，主要借助拉力传感器和线性位移传感器及电子计算技术，实现观测自动化。该铟瓦线尺测距装置可测量长度 50m 的距离，滑架可在 100mm 内移动，测距分辨率为 0.01mm。

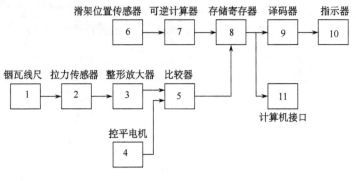

图 4-2　工作原理框图

3. Distometer 测距装置

该测距装置是一种非常轻巧、便于使用的精密测距仪器。该仪器主要由铟瓦线尺拉力调整仪（又称拉力计）、长度测量器（又称位移计）和铟瓦线尺等组成，如图 4-3 所示。

拉力调整仪由测量弹簧伸缩仪表、测针、滚珠轴承、精密钢弹簧及连接部分组成。位移计由测量位移的仪表、测针、粗调连接杆、精调器、滚珠轴承、精密调整螺丝及旋转接头等组成。

在待测距离的两端点埋设安装螺栓，通过旋转接头与 Distometer 连接，另一端安装线尺连接轴，接好线尺，使线尺自由悬挂。旋转拉力调整仪，使仪表指针位于正确的拉力值，即可在位移计上读出位移值，从而可求出距离测量值。

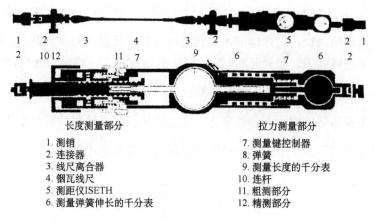

长度测量部分　　　　　　　　　　　　拉力测量部分
1. 测销　　　　　　　　　　　　　　　7. 测量键控制器
2. 连接器　　　　　　　　　　　　　　8. 弹簧
3. 线尺离合器　　　　　　　　　　　　9. 测量长度的千分表
4. 铟瓦线尺　　　　　　　　　　　　　10. 连杆
5. 测距仪ISETH　　　　　　　　　　　11. 粗测部分
6. 测量弹簧伸长的千分表　　　　　　　12. 精测部分

图 4-3　Distometer 外形

　　该测距装置在使用前应同标准基线相比较，在设定的拉力值下，读取位移计的初始值，获得标准尺长。在实际测量时，读出的位移值减去初始值，再加上标准尺长，即为实测距离。

　　经过大量的实测试验，该类仪器的测距精度为：在小于 20m 测距时，测距中误差约为 ±0.02mm；在大于 20m 测距时，测距相对中误差可大于 10^{-6}。

4.3　干涉法测距

　　干涉法测距是一种高精度的测距方法，它已在建立室内外鉴定基线、精密工程测量、区域性地壳形变等高精度的距离测量中广泛应用。由于干涉法是利用光波本身的相位叠加关系来测距，所以只能测出反射镜的动态位移量，即相对距离，这种方法称为相对干涉测距。除此以外，还有绝对干涉测距、微分绝对干涉测距和双频激光干涉测距。这里主要介绍相对干涉测距和双频激光干涉测距。

4.3.1　相对干涉测距仪

　　相对干涉测距也是一种相位法测距，其基本原理如图 4-4 所示。由激光发射器发出的激光，经分束器射向半反射镜 3。半反射镜既反射一部分光，又透过一部分光。透过的这部分光接着射向反射镜 4。经 4 反射的光穿过 3 与被 3 反射的光叠加。当 3 与 4 的距离 L 等于激光光波半波长的整数倍时，即 $L=\dfrac{\lambda}{2}\cdot n$，经 4 反射的光比 3 反射的光多走了 $2L=\lambda\cdot n$。两束反射光的相位差为 2π 的整数倍，即相位相同，故两束光叠加后的振幅增大，光变亮，出现亮条纹。当 $L=$

$\left(N+\dfrac{1}{2}\right)\dfrac{\lambda}{2}$ 时，两束光的相差为 $\left(N+\dfrac{1}{2}\right)\cdot 2\pi$，相位相反，两束光振幅抵消，光变暗，出现暗条纹。将这样的两束光经分束器 2 反射到光探测器上，则其输出信号与光线亮暗有关。假设开始时，3 与 4 的距离为 L，然后沿光线前进方向慢慢移动 4，每移动一个 $\dfrac{\lambda}{2}$ 时，两束光的相位关系变化一个周期 λ，出现一次亮光和暗光，光探测器的输出信号就变化一次。从光探测器输出的信号变化次数，就可以确定 4 移动了多少个 $\dfrac{\lambda}{2}$，从而确定反射器 4 移动的距离 $\Delta L=N\cdot\dfrac{\lambda}{2}$。

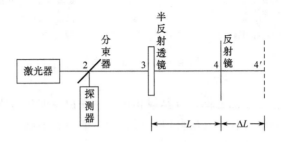

图 4-4　干涉法测距原理框图

光波波长很短（微米量级），而激光由于单色性强波长值很准确，所以干涉法测距的分辨率可达到 $\dfrac{\lambda}{2}$，精度为微米级。利用现代电子技术可使干涉条纹分辨率达到 1%，因此干涉法测距精度极高，目前，是其他任何测距方法不可比拟的一种测距方法。此外，光波的相干长度取决于光源的单色性，而激光的单色性好，谱线宽度又很窄，故用激光可增加光的相干长度，这就能大大提高仪器的测程。从理论上讲，氦氖（He-Ne）激光器的谱线宽度为 1kHz，可算出相干长度 $\Delta L=\dfrac{C}{n\cdot\Delta r}=300\text{km}$。式中的 n 为光波的折射率，Δr 为光谱谱线宽度。但由于大气对激光的干扰较大，实际上测程达不到 300km，所以这种方法不能用于野外大量测量。

4.3.2　双频激光干涉测距仪

双频激光干涉测距仪是一种精度较高的测量仪器，能在较差的环境中达到约 5×10^{-7} 的精度，测程可达几十米，而且自动化程度高。这种仪器的生产厂家不少，其测距原理基本相同。在此以美国 HP 公司的双频激光干涉测距仪为例，介绍双频激光测距仪原理。如图 4-5 所示，激光束通过法拉第磁光调制器被分裂为两束不同频率的偏振光 f_1 和 f_2，光束 f_1 沿平面振动，光束 f_2 的偏振方向与之垂直，它们的频率差 $f_1 - f_2$ 是磁场强度的函数。分光镜的斜面上镀有介质膜，可让 f_1 光束近似 100％ 地透过，而把 f_2 光束反射，所以也称偏振分束器。f_2 从固定的参考反射器返回，f_1 从可动的反射器返回，两束回光在分光镜汇合产生干涉条纹。如果可动反射器静止不动，则每秒将产生 $f_1 - f_2$ 条干涉条纹。如果反射器移动，由于多普勒效应频率 f_1 变为 $f_1 \pm \Delta f$，干涉条纹数也随之而改变，变动量 Δf 取决于反射器的移动速度，两只光电管分别接收测距信号 $f_1 - f_2$、$\pm \Delta f$ 和参考信号 $f_1 - f_2$，经可逆脉冲计数器得到 Δf 后，由小型计算机进行数据处理，从而得到反射器的移动距离。该仪器测程可达 60m，精度可达 5×10^{-7}，最小显示值为微米。在测距过程中，要求四面体反光镜在平移时其表面与激光束垂直，因此，反光镜应该在导轨上移动，这样就限制了仪器的应用范围和场合。因此通常把这种测距仪当作精密工程测量或长度鉴定设备，可鉴定 60m 以内的各种尺子长度，不适合野外测量。

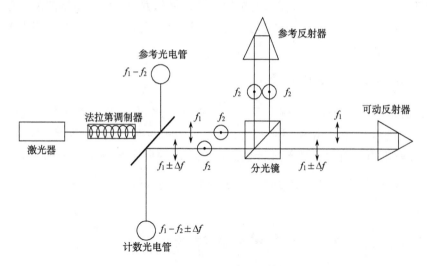

图 4-5　双频激光干涉测长仪原理图

4.4　电磁波测距

瑞典科学家贝尔格斯川 1943 年在大地测量基线上采用光电技术精密测定光速值获得成功，同年与该国的 AGA 测量仪器公司合作，于 1948 年初研制成功一种光电测距仪，迈出了光电测距的第一步。此后，世界各国竞相引进此技术并进行深入研究，光电测距技术得到飞速发展。

电磁波测距通过测定电磁波在待测距离上往返传播的时间 t，利用下列基本公式计算待测距离 D：

$$D = \frac{1}{2} c t_{2D} \tag{4-1}$$

式中，c 为电磁波在大气中传播的速度。

由于测距仪对时间 t 的测定方法不同，所采用的光源不同，以及测程、精度的不同，电磁波测距仪的种类、型号繁多。随着微电子技术、光电技术、激光技术、通信技术和计算机等技术的发展，电磁波测距仪逐步向数字化、自动化、智能化、高精度方向发展，应用广泛，效果良好，受到测绘界的高度重视。这里仅介绍在精密工程中应用的有代表性的测距仪 ME5000 和 TCA2003。

4.4.1　ME5000 测距仪

ME5000 测距仪是瑞士克恩公司于 1986 年在 ME3000 测距仪基础上改进和完善的精密测距仪，标称精度为 ± （0.2mm＋0.2×10^{-6}D），至今仍然为测距精度较高的一种测距仪。该仪器具有结构简单、操作方便、测距精度高等优点，可在精密工程控制网建立、设备安装、变形监测、长度基准和长度鉴定等诸多精密工程中发挥重要作用。

1. ME5000 的测距原理

ME5000 是变频式测距仪，采用 He-Ne 激光作为光源，建立在变频测距原理和方式的基础上，由频率合成器产生 470～500MHz 的调制频率，在带宽 15MHz 范围内，由微处理器进行控制，以确定的固定频率 161.7Hz 依序变化，直至使被测距离成为半调制波长 $\left(\frac{\lambda}{2}\right)$ 的整数倍，进而测出这时零点（尾数为零）的频率 f_1。

若设波长 $\frac{\lambda}{2}$ 的整倍数为 N_1，则被测距离为

$$D = \frac{\lambda}{2} N_1 = \frac{1}{2f} \frac{C_0}{n} N_1 \tag{4-2}$$

为了解决多值解问题，仪器通过改变频率的方法，再探测一个零点并准确测出该点的频率 f_i，此时的整波数为 N_i，则又有距离为

$$D = \frac{1}{2f_i} \frac{C_0}{n} N_i \tag{4-3}$$

若在同一距离上频率增加，整波数 N 也会增加，因而它们必有以下关系

$$N_i = N_1 + i - 1 \tag{4-4}$$

由以上三式可得

$$D = \frac{1}{2} \frac{C_0}{n} \frac{1}{f_i} \left(\frac{f_i}{\Delta f}\right) \tag{4-5}$$

上式为 ME5000 的测距方程，其中

$$\Delta f = (f_i - f_1) / (i - 1) \tag{4-6}$$

为相邻两零点的频率差，在一定的距离内其值不变；C_0 为真空光速值；n 为大气折射率，f_1 与 f_i 分别为第 1 及第 i 个零点的频率值。

为了更好地理解变频式测距原理，由式（4-3）可整理得

$$D = \frac{1}{2 f_i} \frac{C_0}{n} N_i = \frac{C}{2 f_i} N_i = \frac{\lambda}{2} N_i = \frac{\lambda}{2} (N_i + \Delta N) \tag{4-7}$$

式中，$C = \dfrac{C_0}{n}$ 为光在大气中的传播速度；ΔN 为不足整波数的尾数。变频式测距仪在测量过程中不断改变频率 f_i，使 $\Delta N = 0$，这时可得零点位的频率 f_i 和整波数 N_i，并由 f_i 和 N_i 计算出待测距离值 D。

由此可见，ME5000 准确测定零点频率是实现精密测距的关键。

ME5000 内部设置一套自动控制测量系统，自动完成零点频率的测定及相关的测量工作。在打开电源开关后，仪器自动打开激光，通过自动测量程序使频率合成器安置确定初始频率，然后进行零点和零点频率的自动探测和测量。先进行粗测，即调制频率按预定的较大步频进行调节，直到发现第一个零点。为了准确测定零点频率，必须再利用许多大于或小于零点频率的频率进行精测，取其中数作为该点频率的精测值（f_0）并储存。接着再对第 2 个零点频率利用同样的方法进行粗测和精测，并取得第二个零点的精测频率（f_{01}），再由 f_0 和 f_{01} 按式（4-5）计算出被测距离。但为了提高频率测定的精度，仪器的自动测量程序分别在带宽为 15MHz 的有效频率变化范围的中点和终点各做一次粗测和精测，取得中点和终点处的精确频率值 f_m 及 f_1，最后利用 f_0、f_m 及 f_1 三个零点频率用下式分别计算被测距离：

$$\left. \begin{array}{l} D_0 = \dfrac{1}{2} \dfrac{C_0}{n} \dfrac{1}{f_0} \left(\dfrac{f_0}{\Delta f} \right) + K \\[3mm] D_m = \dfrac{1}{2} \dfrac{C_0}{n} \dfrac{1}{f_m} \left(\dfrac{f_m}{\Delta f} \right) + K \\[3mm] D_1 = \dfrac{1}{2} \dfrac{C_0}{n} \dfrac{1}{f_1} \left(\dfrac{f_1}{\Delta f} \right) + K \end{array} \right\} \tag{4-8}$$

式中，K 为仪器加常数。若按式（4-8）中三个距离公式计算的距离互差应小于 0.02m，取其平均值作为距离观测值，若超过极限，应舍去重测。

2. ME5000 的应用

ME5000 测距仪的应用与常规测距仪一样，先要充好电，并将仪器安置在观测点上，进行整平、对中，用电缆将仪器与电池接好，再通过棱镜下面的瞄准器

将棱镜对准仪器，并将仪器照准棱镜，然后即可开始测量。

1）观测程序

（1）根据所测距离的远近，选择适当的测程挡：

低挡 20m～1000m；

高挡 500m～8000m。

（2）将功能键扳到 REMOTE 挡出现全"8"字，表示显示窗正常，然后显示"S"，表示仪器已准备就绪，处于等待状态。

（3）将功能键扳到 MESURE 挡，显示窗依序出现五条短横线，表示谐振器正进行频率校准，然后出现字母"LAS"，表示激光器已打开，已有激光射出。

（4）仔细照准棱镜，使信号针摆到绿色区。

（5）按下 START/STOP 钮，启动自动测量程序。显示器上显示测量程序代码，一般为 OP1～59，大约 1.5min 后就显示测量结果。

（6）测距时，在测站和镜站同时测定气象元素，即温度、气压和湿度等。

2）观测注意事项

（1）点位选择应避开发射台、电视台、微波站和高压线等强磁场。

（2）精密工程测量环境比较特殊，要防止烟尘、气流和机械振动、爆破等的干扰。

（3）棱镜应使用仪器配套棱镜，这样才能保证仪器高度和棱镜高度一致，而且与检定的常数相匹配。

（4）光波离大型物体或反光体的距离应大于 1m，防止旁折光的影响。

（5）严格对中，一般采用强制归心装置，对中精度达到 0.01mm。

（6）严格照准，由于激光发散角小，光束集中，偏离稍大则无反射信号或信号强度不够。

（7）应选择日出、日落前后或阴天有微风的最佳观测时间观测，若晴天观测应分别在仪器和棱镜处打伞，以避免仪器被太阳照射所引起的晶体频率的波动。

4.4.2　TC2003 全站仪

TC2003 全站仪是徕卡公司最具有代表性的仪器。仪器标称测角精度为 ± 0.5″，标称测距精度为 ±（$1+1×10^{-6}D$）mm，是目前世界上精度最高的全站仪之一。由于它采用了许多独特的新技术，如对经绝对式连续测量和电子补偿器等，既提高了仪器的测量精度，又提高了仪器的可靠性和稳定性，使仪器的综合性能极大提高，是一种最适合精密工程测量的仪器。徕卡公司同时又推出了 TCA2003 全站仪，除了正常测角、测距外，还有许多高级功能，如偏心测量、对边测量、自动设站、悬测量、面积测量和道路放样等，此外还有激光对点、自动目标识别和瞄准、在镜站遥控仪器及放样时的闪烁光导向等特种功能，因此又被称为测量"机器人"。

TC2003 全站仪如图 4-6 所示，其结构可分为三个部分，即测角系统、测距系统和数据处理系统。这三个部分系统功能的执行和控制，主要由仪器内部的电子控制主板、存储卡板和马达控制板来完成。主板是整个系统的核心，能确保所有测量工作和输入、输出部分的正常工作。

1. 仪器的特点

1) 动态角度扫描系统

TC2003 全站仪测角采用动态角度扫描系统，与其他仪器的测角系统相比，是一个重大突破。该系统建立在计时扫描绝对动态测角的

图 4-6　TC2003 全站仪

原理上，由绝对式光栅度盘及驱动系统，与仪器底座连接在一起的固定光栅探测器，以及与照准部连接在一起的活动光栅测控器和数字测微系统组成。

玻璃光栅度盘直径约 4cm，测角时以特定的速度旋转，并用对经读数的中值法消除度盘偏心差。测量过程中度盘上的所有分划参与计算。如图 4-7 所示，在光栅度盘的外缘对经位置，设置一对与底座连接的固定光电扫描装置 L_S。而在光栅度盘的内缘，对经布置一对与照准部连接的活动扫描装置 L_R，它随照准部一同旋转。若将 L_S 视为零位，则 L_R 就相当于望远镜转过的方向，即为 L_S 与 L_R 之间的夹角，就是待测的角度。在测量时，由于度盘自身的旋转，达到了对度盘

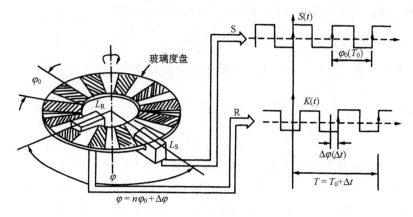

图 4-7　动态测角原理

上所有刻划进行计算的目的。两个对经的光栅扫描整个度盘的分划，每周分别进行 512 次角度测量，取其平均值作为观测结果。

这种动态角度扫描系统可以彻底消除度盘的分划误差和偏心误差，极大地提高了测角精度。此外，使用动态角度扫描系统后，任何时候都可由键盘输入度角来预置角度。以上就是 TC2003 全站仪测角系统的特点，也是其测角精度高的根本原因。

2）三轴自动补偿功能

常规经纬仪的竖轴、横轴和视准轴的误差都会影响测角精度，常称为三轴误差。特别是竖轴倾斜误差，不能采用盘左、盘右取平均值的方法加以消除，是提高测角精度的重要障碍。

为了解决三轴误差，TC2003 全站仪专门附设了一些液体补偿器，在仪器初步整平后，可以精确测出与严格整平后的偏离值，并可按相应的计算公式对所得的观测值进行改正，获得准确的观测值。TC2003 全站仪补偿器的补偿范围为 $\pm3°$，补偿精度可达到 $1''$ 以内。

竖轴倾斜量可分解为视准轴方向和横轴方向的两个分量。视准轴方向分量影响垂直度盘读数，横轴方向分量 S_T 影响水平度盘读数，影响的量值为

$$\Delta\alpha = S_T\tan\alpha_T \tag{4-9}$$

式中，α_T 为目标点的竖直角。

横轴倾斜误差主要是由于仪器安装或调试不完善，使支承横轴的两支架不等高而引起的误差。若横向倾斜为 i，则对目标观测时的影响为

$$\Delta i = i \cdot \tan\alpha_T \tag{4-10}$$

同样，式中的 α_T 为目标的竖直角。

视准轴误差也是由于仪器的安装和调试不当，使视准轴与横轴不垂直而引起的误差。若设视准轴误差为 C，则对水平角读数的影响为

$$\Delta C = \frac{C}{\cos\alpha_T} \tag{4-11}$$

因此，进行三轴改正后，水平角观测的准确读数 α 应为

$$\alpha = \alpha_0 + \frac{C}{\cos\alpha_T} + \Delta\alpha + \Delta i$$
$$= \alpha_0 + \frac{C}{\cos\alpha_T} + (S_T + i)\tan\alpha_T \tag{4-12}$$

式中，α_0 为未经改正的电子度盘传感器观测值。

为消除三轴误差的影响，可简化角度观测程序，提高单个望远镜位置（正镜位置）的观测精度。仪器设有三轴补偿功能，补偿的主要途径是采用双轴补偿方法来补偿竖轴倾斜引起的垂直度盘和水平度盘的读数误差，并用计算机软件来改

正因横轴误差和视准轴误差引起的水平盘度的读数误差。双轴补偿方法是 TC2003 全站仪的独特之处，也是使测角精度达到 $\pm 0.5''$ 的重要保证。

仪器的双轴补偿采用电子液体补偿器，可精确测得两个正交方向的倾斜量，并计算出竖轴倾斜在横轴方向和视准轴方向的分量。双轴补偿器在工艺上被安置在侧面的垂直度盘下方。为了实现三轴补偿，则对于视准差 C 的值，必须预先在观测时以盘左、盘右同一点观测值测定，即 $2C = L - R + 180°$，把测定值输入内存，在设置指令后，可自动完成三轴补偿功能。

对于垂直角的自动补偿，除了利用双轴补偿自动获得竖轴在视线方向的倾斜量外，还必须在观测时获得竖盘指标差并储存在仪器内。

3）动态频率校正

由相位式测距公式 $D = \dfrac{C}{2f} \cdot \dfrac{\varphi}{2\pi}$ 可以看出，要提高测距精度，必须提高精测尺的测尺频率。目前，测相器的测相精度一般为 10^{-4}，若精测频率为 15MHz，精测尺长为 10m，则测距精度为 1mm；若精测频率为 50MHz，精测尺长为 3m，则测距精度为 0.3mm。实际测距精度不仅取决于精测频率的高低和测相器的分辨率，还取决于测距频率的稳定性。全站仪的测距频率由仪器内部的石英晶体振荡器产生，频率的稳定度较高，相对精度一般能达到 10^{-5}。在野外测量时，气候的变化，尤其是温度变化，将直接影响石英晶体振荡器的稳定。因此，如何有效保证晶体振荡器的频率稳定，是提高测距精度的关键，也是需要重点研究的问题。许多厂家都采用了相应的措施，例如，有些仪器使用温度补偿晶体振荡器，当温度变化时，温补网络里的热敏电阻引起的频率变化量与晶体振荡器的频率变化量近似相等而符号相反，相互抵消，实现了补偿的目的；也有的仪器使用频率综合及锁相技术；此外，还有通过晶体振荡器件的老化处理技术，使振荡器自身频率的年变化量为 10^{-6} 左右。以上所叙述的方法可以解决一些问题，但仍存在不足。

TC2003 全站仪对测距频率的稳定控制，除了采用晶体老化处理技术外，还采用了一种独特的动态频率校正技术。其基本原理是，由于影响晶体振荡器频率变化的最主要原因是温度变化，因此可精确测定晶体振荡器的温度与频率变化特性并建立数学模型，再根据此模型和实际测量时的温度，对频率及测距值进行修正，达到精确测距的目的，这也是 TC2003 全站仪精密测距的关键技术。

建立温度与频率模型时，可将 TC2003 全站仪的石英晶体振荡器在允许测量的温度范围内进行严格测试，得出标准温度（$T = 12℃$）条件下的频率 F，同时还可测得多个不同温度下的频率 K_i，利用曲线拟合求出温度与频率模型

$$f(t) = F_0 + K_1 t + K_2 t^2 + K_3 t^3 \tag{4-13}$$

全站仪测量时，受到大气环境温度和自身元器件工作时发热等温度影响，晶体振荡器的频率必然会产生变化。因此，在晶体振荡器附近设置灵敏和高性能的温度传感器，随时准确地测定振荡器的工作温度，将测定结果送入 CPU 传感器，并由式（4-13）计算出测量时刻的频率，对测距进行修正，由于这一过程与测距信号的发射、接收同步进行，因此，能动态地对精测尺实施校正，可有效地保证实际测距频率的准确性和可靠性，大大提高测距精度。

2. 仪器的精度

1）测距精度

测距精度是全站仪的主要技术指标之一。TC2003 全站仪测距标称精度为 $(1+1\times10^{-6}D)$ mm，是目前测距精度最高的全站仪。测距要达到标称精度，应对观测结果加各项改正数。改正数通常分为两类：仪器自身的改正和观测条件及环境的改正。仪器自身的改正一般分为测尺频率改正和仪器的加常数、乘常数、周期误差改正。观测条件及环境的改正主要分为气象改正、倾斜改正、归心改正、投影改正和归算改正等。

测尺频率改正通常采用专门的频率计直接测定全站仪的发射波频率或通过光电转换装置测出全站仪频率，并将其与仪器标称频率比较，求出差值，TC2003 采用动态频率校正法，具有一定先进性和高效性。

仪器常数检定通常在比长基线上采用六段比较法检测。六段比较法测定常数时必须加上气象改正。气象元素需在测站和镜站分别测定，并取平均值作为气象元素，这里很可能存在气象代表性误差。实践证明，在标准大气状态下，温度误差为 1℃时，对测距误差的影响为 $10^{-6}D$，即 1mm/km，这对精密测距来说是一个不小的数字。因此，精密测距或常数检定时，对气象元素测定及其气象代表性误差均有很高的要求。

2）测角精度

测角精度同样是全站仪的主要技术指标之一。TC2003 全站仪测角标称精度为 0.5″，是目前测角精度最高的仪器。它采用动态角度扫描系统，与其他仪器相比，有许多优越性。该系统建立在计时扫描绝对动态测角原理上，由绝对式光栅度盘及驱动系统组成，配有光栅探测器、活动光栅控制器、数字测微系统及电子双轴补偿器。这些均为 TC2003 测角系统的主要特性和关键技术，也是提高其测角精度的主要途径和方法。

习题与思考题

1. 精密距离测量有何特点？

2. 目前精密测距主要有哪几种方法？各有何特点？

3. 试述干涉法测距原理。

4. 电磁波测距的基本原理有哪几种？各有何特色？

5. TC2003 全站仪有何特点？它的应用前景如何？

第 5 章　精密水准测量和高程传递

5.1　概　　述

精密水准测量是精密高程测量最主要的方法，尽管 GPS 等技术已在高程传递中广泛应用并具有许多优点，但可以预见，精密水准测量仍将具有其无法取代的地位。半个世纪以来，随着科学技术的飞速发展，对高程测量和高程传递的精度要求越来越高，同时也促进了精密水准测量的发展。精密水准测量在科学研究、精密工程、军事设施、变形监测和地震预报等方面做了大量的工作，发挥了重要作用。

精密水准测量的精度，要求每千米往返测高差平均值的总中误差小于 $\pm2mm$，根据测段往返测闭合差计算的每千米偶然误差小于 $\pm1mm$，系统误差小于 $\pm2mm$。我国将一、二等水准测量称为精密水准测量，即按《国家一、二等水准测量规范》进行施测就可以达到精密水准测量的精度指标。

随着科技进步、社会发展和时间的推移，精密水准测量在现代科学研究方面的作用将越来越重要，除了满足地震监测、地壳垂直运动、海底变化和倾斜、地球陆地下沉和海平面升高的研究外，还在地球自然表面的形状和地球外重力场的研究方面，起到重要作用。同时，精密水准测量还在人类各种科研和建设中发挥着重要作用，尤其在正负电子对撞机、高能加速器、核电站、大型交通干线、大型隧道贯通以及高新科技研究等方面，对高程测量的精度要求非常高，广大测绘工作者充分发挥聪明才智，采取各种有效措施，确保了工程质量，也积累了许多宝贵经验。

精密水准测量首先要有高精度仪器、设备和先进的测量方法，同时还要有防止各种自然环境干扰的措施和科学的数据处理方法。只有这样，精密水准测量才能真正"精密"。精密水准测量以其短视线和前后视线等距离以时空对称的测量方式，可排除或削弱以大气折光为主的多项干扰因素的影响，提高测量精度。在布设水准测量路线时，应尽量避开跨湖、洼地、山谷等障碍物。但为了科学研究和特种工程的需要，有时必须进行跨江、跨海、井上下等的高程传递，常规的水准测量无法满足需要，此时可采用测距三角高程、GPS 水准法、井上钢尺导入标高法和光电测距法等先进技术。

本章重点介绍精密水准测量仪器及仪器的检定、检核，精密水准测量的实施，误差分析和注意事项，同时还介绍跨江、跨海、井上等高程传递的新方法。

5.2　精密水准测量仪器

水准仪是高程测量的重要仪器。早在公元前二千多年，夏禹治水时代，我们的先祖就采用了"左准绳，右规矩"、"行山表木，定高山大川"的测量方式。据《汉书·律历志》记载，所谓的"准"就是测定水平和取直的工具，以立木作标志进行测量，并逐步发展形成了水准仪。水准测量仪器由构成水平基准线的水准仪和量测水平基准线到待测点高度的水准标尺两部分组成。水准测量精度除了受外界诸因素影响外，主要取决于仪器的置平和照准精度，以及标尺分划标志的精确度。经过无数科学家和测量学者的努力研制，水准仪得到飞速发展，逐步形成了高精度、标准化的水准测量仪器。20 世纪 30 年代，瑞士威尔特厂就研制出高精度的 N_3 水准仪。到了 50 年代，利用重力平衡和强制阻尼的原理，许多厂家制成了精密补偿器的自动安平水准仪，大大提高了水准测量的精度。80 年代末期，随着微电子技术、计算机技术的发展，威尔特厂研制出第一台数字水准仪 NA2000，接着德国蔡司、日本拓普康等许多厂家均相继推出了数字水准仪，使水准测量向数字化、自动化迈进了一大步。同时水准测量的精度也大大提高，使每千米水准测量偶然误差达到 0.3～0.4mm，甚至更高。接着又出现了液体静力水准仪，其精度已达到了精密水准测量的标准。下面主要介绍数字水准仪和液体静力水准仪原理。

5.2.1　数字水准仪原理

数字水准仪测量系统如图 5-1 所示，由主机和条码标尺两部分组成。其中条码标尺由宽度相等或不等的黑白条码按某种编码规则进行有序排列而成。这些黑白条码不同的排列方法，构成了各仪器生产厂家自主产权的关键。

数字水准仪主机结构如图 5-2 所示，主要由望远镜目镜、物镜、补偿器、分光棱镜、CCD 传感器、数据处理软件、键盘及显示器等组成。这些构件的功能又分成两部分：一部分是用于仪器的整平、调焦、照准及实现仪器自动补偿的装置，是保证提供水平视线的机械部件和光学部件，这部分与补偿式自动安平水准仪有相似之处；另一部分是用于操作控制、形像分析、数据处理、显示、存储和传输的电子部件。

数字水准仪的原理与一般光学水准仪测量原理相同，即通过仪器建立的水平视线测定地面上两点间的高差，水准仪是建立这一水平视线的工具。传统的光学水准仪建立水平视线后，依靠人工读取标尺上的读数，而数字水准仪采用光、

图 5-1　数字水准仪与标尺条形码

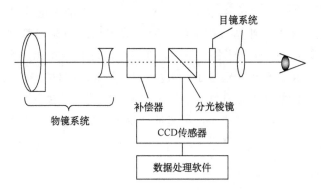

图 5-2　数字水准仪主机结构原理图

机、电一体化建立水平视线，并实现自动读数、自动记录和数据处理。

　　简单地讲，数字水准仪的工作原理是利用仪器内部的补偿器自动调平，将在一定范围内的倾斜视线自动调整到水平位置，将水准标尺上的某一尺段条纹编码成像在望远镜中，再通过控制面板上的按钮用传感器（常用 CCD 传感器）测量影像，与仪器内部存储的标准编码信号进行相关分析与对比，找出最佳的重合位置，获得仪器的水平视线高的读数以及仪器至标尺的距离。最后通过光电二极管阵列将电子信息经过处理转为测量数据，并在显示器上显示，同时将其自动记录在 PC 卡或内部的存储器上。

　　数字水准仪的关键技术就是对获得的条形码尺上的编码信号进行识别和处理。解决这个问题的核心是编码技术。目前市场上主要的徕卡、蔡司、拓普康、索加等大公司的电子水准仪都采用编码技术并各有其特色，所不同的是仪器的自动电子读数方法，即相关法、几何法和相位法。它们的共同点是数字水准仪使用的条码尺由宽窄相等或不相等的黑白条纹组成。为了更好地理解数字水准仪原理，下面重点介绍索加数字水准仪的编码原理与解码方法。

1. 编码原理

索加数字水准仪条码尺采用双向随机码（RAB 码），条码的宽度分别为 3mm、4mm、7mm、8mm、11mm、12mm，按六种等距离间隔刻划在条码标尺上，条码之间的中心距离为 16mm，具体如图 5-3 所示。它采用 6 进制编码和 3 进制编码两种形式，既满足 6 进制编码要求，又满足 3 进制编码要求。分别将两种编码的信息送入内存，供数据处理使用。在数据处理过程中，需将两种编码的信息进行互换，6 进制码和 3 进制码间的转换关系如表 5-1 所示。

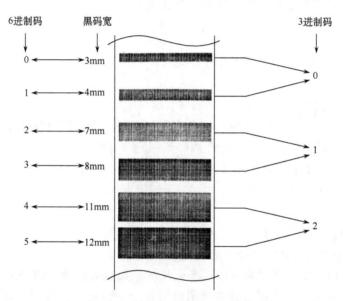

图 5-3　索佳数字水准仪条码尺编码示意图

表 5-1　6 进制码和 3 进制码的编码信息表

6 进制码	黑条码宽/mm	3	4	7	8	11	12
	数字编码	0	1	2	3	4	5
3 进制码	黑条码宽/mm	3	4	7	8	11	12
	数字编码	0	0	1	1	2	2

2. 解码方法

解码的目的是将编码信号转换成测量信号。通常将代表水准标尺的伪随机码图像存储在水准仪的内存中，作为参考信号或基准信号，标尺条码经过望远镜系统后的成像，可在 CCD 传感器上形成测量信号。

1）垂直放大率与视距的计算

由图 5-3 可知，通过 CCD 传感器形成的测量信号，可以得到相邻黑条码中心间隔的像素个数为 m，在标尺上的相邻黑条码中心间隔为 G，则垂直放大率公式为

$$d=\frac{G}{lm} \tag{5-1}$$

索加数字水准仪标尺上相邻黑条码中心间隔 G 为 16mm，l 是 CCD 传感器的像素宽度，索加数字水准仪为 8mm，则上式有

$$d=\frac{G}{lm}=\frac{16}{0.008m}=\frac{2000}{m} \tag{5-2}$$

根据数字水准仪的成像原理可得视距为

$$s=d \cdot f \tag{5-3}$$

式中，f 代表视距的设计值，索加数字水准仪 $f \approx 275$mm。

对于不同的视距，索加数字水准仪设计了不同的数据处理程序求视线高。当视距大于 9m 时，仪器认为是远距离，当视距小于 9m 时，仪器认为是短距离。对于标尺条码图像的处理，对不同的视距也采用了不同的处理方法。对于远距离测量采用初级傅里叶转换探测方式，对于短距离采用边缘探测方式。根据表 5-1 所列的对应关系，将黑条码所对应的数字编码数列存入仪器内存，3 进制码和 6 进制码分别存入不同的数列。

2）短距离视线高的计算方法

短距离时，受环境等影响少，条码尺的条码成像清晰，CCD 传感器很快地探测到条码边缘，因此可以精密地测量出每个条码所占的像素。可按式（5-2）计算出垂直放大率后再计算出条码的宽度。依 3 进制编码规则可确定测量条码所代表的数字编码，并将这组编码与存储在仪器中的基准码进行比较，可确认这组编码所对应的标尺条码区域及每个码所对应的标尺高度，从而获得每个测量码的粗值。由数字水准仪成像原理可得出某个条码的精测值为

$$h_i=d \cdot b_i \tag{5-4}$$

式中，b_i 为第 i 个条码的像至电子视准轴的像素个数。

索加数字水准仪是将某个条码的粗测值与精测值进行组合从而得到两条码标尺之间的高差，为了削弱偶然误差的影响，仪器在设计时，取 n 个条码测量的平

均值作为最后的测量结果，以达到高精度的测量效果。

3）远距离视线高的计算方法

远距离测量时，由于 CCD 传感器所获取的条码信息量多，如果还采用条码边缘探测方式进行数据处理，将占用较长的数据处理时间，不适应数字水准仪测量的需要。因此，采用初级傅里叶变换方法，可快速获得每个黑条码所占的像素个数。按式（5-2）计算出垂直放大率，依据 3 进制编码规则确定条码所代表的数字编码，同时将这组编码与仪器存储器中标尺的基准码进行比较，可确认这组编码所对应的标尺条码区域及每个码所对应的标尺高度，从而获取每个测量码的数值。

精测方法与短距离测量时所用的方法一样，主要应用式（5-4）进行数据处理。

5.2.2　流体静力水准仪原理

流体静力水准仪也称连通管水准仪，它利用连通管原理，即在被连通的管筒中注入液体，通常是蒸馏水，当两端处于同水平面时，液面平衡，应有同一高程；当两端出现高程变动时，两端液面也会发生变化。图 5-4 是两个测量装置，假设液面相对于参考面的高度为 a，液面位置的读数为 b，分划零点至安置面的高度是一个常数 c，由图可知

$$h = (c_1 - c_2) + (a_2 - a_1) + (b_2 - b_1)$$

根据液体静力平衡原理可得

$$p + \rho \cdot g \cdot a = 常数 \quad 或 \quad P_1 + \rho_1 g_1 a_1 = P_2 + \rho_2 g_2 a_2$$

式中，P 为空气压力 mmHg[①]；ρ 为液体密度；g 为重力加速度；a 为液面相对于参考面的高度。

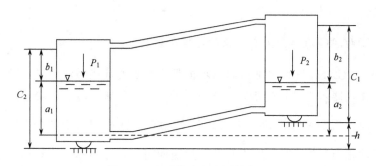

图 5-4　连通管式水准测量装置

---

① 压强单位，1mmHg$= 1.33322 \times 10^2$ Pa。

由于空气压力、温度和重力的差异，将使液面相对于参考面的高度不一致。为了消除气压差的影响，通常将测量筒封闭，将筒体的空气部分用导气管连接起来，尽量使两测量筒液面压力处于相等的状态。在短距离的情况下，重力异常的影响可以不加考虑，对于温度影响通常采用一些措施来减弱，如使环境温度一致，连接管水平安置，则筒内液柱降低，这样测量精度就在允许范围内，假设 $a_1 = a_2$，则

$$h = (c_1 - c_2) + (b_2 - b_1)$$

若利用液体静力水准仪测定安置面之间的高差，必须检测零点差（$c_1 - c_2$），若利用液体静力水准仪测定安置面之间的高差变化时，可不考虑零点差。液体静力水准仪主要有两种类型。

1. Aachener 液体静力水准仪的原理与结构

Aachener 液体静力水准仪利用超声传感器自动测量液面的高度，它的测量范围大于 100mm，测量精度高，使用比较方便。超声位移传感器主要借助于磁致伸缩效应产生超声波，为此由一个石英晶体振荡器控制的发生器发射高强度的电脉冲，在一根铁镍合金的金属丝上传播，每一个脉冲伴随一个围绕金属丝的同心圆磁场。环形永久性磁铁处在金属丝的任何部位，它的磁场经过导线方向，当电流脉冲磁场碰上永久性磁铁磁场时，将出现一个突然的磁场变化，由此引起金属丝长度微小的变化（磁致伸缩）而产生一个超声脉冲，向发生器方向传播的脉冲在接收器中转变为电流脉冲。在金属丝上连接一个触发器，它将接收到电流脉冲触发翻转。接着对一个恒定的参考电压在触发器打开期间进行积分，所得到的等量电压，在数值上和传播的时间成比例，也和超声脉冲所走过的路程成比例。显示器以 0～10V 直流电压方式进行数字显示，每 1V 电压相当于 1cm，表示高差变化值。

2. ELWAAG 液体静力水准仪的原理与结构

ELWAAG 液体静力水准仪利用步进马达控制测针接触液面来自动测量液面高度。这类仪器步进马达的步距为 7.5°，即每 48 个脉冲转子旋转一圈。通过一对齿轮（齿比为 $\frac{12}{25}$）来驱动丝杆，因而每 100 个脉冲相当于丝杆上移动 1mm，即每个脉冲相当于 0.01mm。当测针到达液面时，步进马达停止转动。电子线路主要由脉冲发生器、触发器、计算电路和数字显示器等组成。

5.3 精密水准仪的误差源及检定

5.3.1 数字水准仪的误差源

数字水准仪是在自动安平水准仪基础上发展起来的，其基本结构由光学机械部分和电子设备两部分组成。自动安平水准仪的误差在数字水准仪上仍然存在，由于数字水准仪采用了 CCD 传感器等电子设备，许多误差明显减少。概括国内外研究成果和有关专家的意见，数字水准仪误差源可分为与主机有关的误差、与条码尺有关的误差和与光电读数有关的误差三类。

1. 与主机有关的误差

与主机有关的误差是指仪器制造和调试中存在的误差，主要包括圆水准器位置不正确误差、补偿器误差、视准轴误差和光电两分划板一致性误差。

1）圆水准器位置不正确误差

各种类型的数字水准仪上都安装有圆水准器，其灵敏度一般为 $8'/2\text{mm} \sim 10'/2\text{mm}$，如果圆水准器安装不正确，将导致水准仪的竖轴倾斜，与补偿器的补偿误差一起形成"水平面倾斜"误差。该项误差具有系统误差的特性，直接影响测量精度。

2）补偿器误差

数字水准仪的补偿器一般采用吊丝重力补偿器，其补偿范围大于 $8'$，只要在整置仪器时，使圆水准气泡在圆圈之内，则可起到补偿作用。补偿器误差又分为补偿器的安置误差、滞后误差、补偿剩余误差和磁致误差。

（1）补偿器的安置误差。

补偿器安置误差是指补偿器视线的安平精度，是补偿器的重要技术指标，我国水准仪计量检定规程规定，数字水准仪补偿器的安平精度根据仪器的不同，一般要求应高于 $0.3'' \sim 0.5''$。

（2）补偿器的滞后误差。

补偿器的滞后误差是指补偿器的平衡位置和静止位置之差，反映了补偿器在时间上的延迟。补偿器都需要一段稳定时间，这就要求置平仪器后不能立即测量，要有 $1 \sim 2\text{s}$ 的时间延迟，直到补偿器稳定为止。

在进行水准测量过程中，当仪器从后视转向前视时，如果没有足够的时间等待补偿器完全稳定，由于补偿器重力摆居中力的影响，将会使测量结果产生系统误差。

（3）补偿器的补偿剩余误差。

补偿器性能不完善会导致仪器视准轴倾斜，会对前后视观测带来"水平面倾斜"误差。当圆水准气泡前后偏离与左右偏离时，该项误差影响不同。实验表明，当圆水准器气泡前后偏离时，水准仪读数变化量的分布大致为一条倾斜直线，使观测值中含有系统误差，误差大小与圆气泡倾斜度有关。

（4）补偿器的磁致误差。

当数字水准仪在交变磁场中或强磁场中，补偿器将会受到磁场的影响产生磁致误差。在水准测量时，线路应避开大功率发电厂、高压线、变电枢纽、微波发射台和电气化铁路等强磁场环境。

3）视准轴误差（i 角误差）

数字水准仪具有光视准轴和电视准轴两个视准轴，光视准轴通常与光学水准仪视准轴相同，由光学分划板十字丝中心和望远镜物镜的光心构成。电视准轴是由 CCD 传感器中点附近的一个参考像素和望远镜物镜光心构成。因此，数字水准仪有光学 i 角和电子 i 角两种。光学视准轴用于条码尺的照准、调焦和光学读数；电子视准轴用于电子读数。温度等外界环境的变化、望远镜调焦和强磁场以及测站附近各种机械振动等都会引起视准轴误差（i 角）的变化，i 角误差通常是指在环境温度 20℃、目标无穷远时，仪器视准轴与水平面之间的夹角。数字水准仪在电子读数时，以 CCD 传感器上认定的中心点附近的参考像素为基准进行读数。

4）十字丝分划板竖丝与 CCD 传感器焦线不一致性误差

数字水准仪有两个分划板：一个是传统的十字丝分划板，其上面有竖丝和横丝，专供照准条码用；另一个是 CCD 传感器的光敏面，它是由上千个竖向排列的像素构成的一条电竖丝，这条电竖丝的宽度比光学分划板上的竖丝要宽，用于电子读数。十字丝分划板的竖丝和 CCD 传感器的光敏面都位于望远镜物镜的焦面上，而且电竖丝和十字丝分划板的竖丝都应铅垂，左右不得分离或交叉。这个条件称为光电两分划板竖丝的一致性。如果两分划板不位于望远镜的焦平面上，则光学调焦清晰后，在 CCD 光敏面上的条码成像会不清晰，这样会引起读数误差或延迟读数时间。如果电竖丝偏离光竖丝或有交叉，在标尺上电子读数的部位就会与光学竖丝照准的部位不一致，就会产生较大的测量误差（杨俊志等 2005）。

2. 与条码尺有关的误差

各种品牌的精密数字水准仪为了减少温度等外界因素的影响都配备编码铟瓦标尺，由于这类标尺采用的铟瓦材料和尺体所使用的铝合金材料相同，因此它们具有相同的误差特性。

1) 尺底面误差

尺底面误差主要指标尺零点误差、尺底面不平和标尺底面垂直性误差。

（1）标尺零点误差。

标尺底面是标尺分划的零位置，若不为零，其差值称为零点差。两根标尺的零点差一般很难相等，它们零点差的差值通常称为一对标尺的零点差不等。标尺零点差是由标尺制造过程或使用中的磨损产生的。一对标尺零点差不相等，就会对观测高差带来误差。在一个测段内，若将标尺交替前进，且设置偶数站，则两标尺零点差不等差的影响在测段高差中可以完全消除。

（2）尺底面不平和标尺底面垂直性误差。

若存在此项误差，当标尺底面的不同部位与水准点或尺垫接触时，所测得的视线高将不同，从而带来水准测量误差。因此，该项误差必须检定，若超过0.1mm 的限差，在作业中必须采用尺圈。

2) 水准尺分划误差

水准尺分划误差对任何一种水准仪的水准测量都会带来误差，数字水准仪也不例外。数字水准仪是指标尺条码分划误差，在对标尺条码进行检定后，将检定结果与条码的理论宽度进行对比，求得条码尺条码分划误差。由于仪器内部的数据处理软件可以对条码的分划误差进行修正，因此在分划误差修正之前，应与生产厂家联系，以确认数据处理软件是否已进行了条码分划误差改正。

3. 与光电读数有关的误差

与光电读数有关的误差包括最小读数和进位误差、读数误差及重复测量误差。

1) 最小读数和进位误差

数字水准仪最小的显示位数为 0.1mm 或 0.01mm，这将导致原始测量值的进位误差，该误差一般为最小显示位数的 $\frac{1}{10}$，最大可达到最小显示位数的 $\frac{1}{2}$。这种误差不可忽视。

2) 读数误差

在测量时，由于测量信号受到遮挡、标尺的照度不均匀、标尺亮度不合适、视线位于标尺顶部或底部都会导致视场内的有效条码个数减少。调焦位置不正确、振动等外界因素及测量信号分析与图像处理误差等内在因素的影响，都会引起数字水准仪的读数误差（杨俊志　2004）。

5.4　数字水准仪的检定

数字水准仪检定共有 20 多项，但其中大部分检定项目与光学水准仪相同，这里不再重复，与光学自动安平水准仪相同的项目，参照自动安平水准仪的检定方法和国家规范的有关指标进行，这里主要介绍数字水准仪的 i 角和 CCD 传感器位置正确性检定。

5.4.1　数字水准仪 i 角的检定与校正

水准仪的 i 角是水准仪的重要技术指标，使用前必须进行检定。常规水准仪的 i 角是指水准仪望远镜的视准线与附合气泡水准管的水准轴在竖直面上投影的夹角。自动安平水准仪的 i 角是指经过物镜光心的水平入射光线与这条水平光线经过补偿器补偿后的准绝对水平视线之间的夹角。但数字水准仪的 i 角与自动补偿水准仪有相同之处，也有不同之处。数字水准仪既有光学仪器的特性，又有电子仪器的特性。因此，数字水准仪的 i 角有两种含义：一种是光学系统的 i 角，也称光学 i 角，与自动安平水准仪 i 角完全一样。另一种是电子系统的 i 角，也称电子 i 角。它是经过望远镜光心的水平光线与这条水平光线经过补偿器到 CCD 传感器参考点水平视线间的夹角。显然，数字水准仪两个系统的 i 角含义不一样，而且相互之间也没有联系，所以检定方法也不一样。

1. 数字水准仪光学 i 角的检定和校正

数字水准仪光学 i 角的检定和校正方法与自动安平水准仪 i 角检定方法完全一样。i 角检定的方法很多，有野外法和室内平行光管法。

野外法在许多教科书中都有详细论述，这里不再重复。采用室内平行光管法进行光学 i 角调整时，首先要调平平行光管，作为基准水平线它是由近至无穷远的 4～5 个分划板构成的。将仪器置于可以垂直升降的工作台上，调平仪器的圆水准气泡，通过仪器调焦，观察望远镜十字丝与平行光管内近目标是否重合。若两者不重合，则调整仪器使两者重合。接着，通过仪器调焦，观察望远镜十字丝与平行光管内无穷远处的目标处是否有偏差，若有偏差，则表明仪器存在 i 角，这时调整仪器的 i 角校正螺丝，使两者重合。重复该过程直至仪器视准轴与平行光管提供的水平线重合。

2. 数字水准仪电子 i 角的检定与校正

数字水准仪电子 i 角的检定与校正主要由仪器内设软件完成。目前电子 i 角检定的方法很多，这时仅介绍常用的三种检定方法。

1）费式法（Foerstner）

如图 5-5 所示，在相距 45m 的两端点分别设条码标尺，并将中间距离分成三等分，每段 15m，分别在中间两点处设水准仪，则为测站 1、测站 2。检定时先将仪器安置在测站 1，对 A 标尺读取视线高为 r_{1a}，视距为 d_{1a}，对 B 标尺读取视线高为 r_{1b}，视距为 d_{1b}。在测站 2 观测标尺 A，读取视线高为 r_{2a}，视距为 d_{2a}，观测标尺 B，读取视线高为 r_{2b}，视距为 d_{2b}。仪器 i 角为

$$i = \arctan \frac{(r_{1a} - r_{1b}) - (r_{2a} - r_{2b})}{(d_{1a} - d_{1b}) - (d_{2a} - d_{2b})} \approx \frac{(r_{2a} - r_{2b}) - (r_{1a} - r_{1b})}{30} \cdot \rho \quad (5\text{-}5)$$

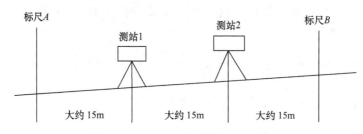

图 5-5　费式法检定数字水准仪 i 角示意图

2）李式（Nabauer）法

如图 5-6 所示，在相距 45m 的两端点架设数字水准仪，并将中间距离分成三等分，每段 15m，在中间两点分别架设标尺 A 和标尺 B。在测站 1 观测标尺 A，读取视线高为 r_{1a}，视距为 d_{1a}，观测标尺 B，读取视线高为 r_{1b}，视距为 d_{1b}。在测站 2 观测标尺 A，读取视线高为 r_{2a}，视距为 d_{2a}，观测 B 标尺，读取视线高为 r_{2b}，视距为 d_{2b}。仪器的 i 角为

$$i = \arctan \frac{(r_{1a} - r_{1b}) - (r_{2a} - r_{2b})}{(d_{1a} - d_{1b}) - (d_{2a} - d_{2b})} = \frac{(r_{2a} - r_{2b}) - (r_{1a} - r_{1b})}{30} \cdot p \quad (5\text{-}6)$$

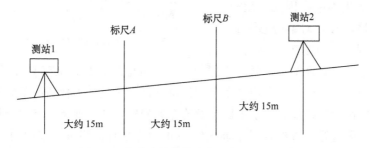

图 5-6　李式法检定数字水准仪 i 角示意图

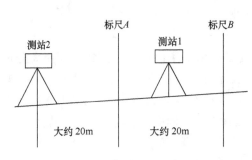

图 5-7　库式法检定数字水准仪 i 角示意图

3) 库式（Kukkamaek）法

如图 5-7 所示，在相隔 20m 的两端点立水准标尺，首先在两标尺中间安置仪器，称测站 1；接着在两标尺连接的延长线上，距其中一标尺 20m 处设置仪器，称测站 2。同样，在测站 1 观测标尺 A，获视线高为 r_{1a}，视距为 d_{1a}，观测标尺 B，获视线高为 r_{1b}，视距为 d_{1b}。在测站 2 观测标尺 A，获视线高为 r_{2a}，视距为 d_{2a}，观测标尺 B，获视线为 r_{2b}，视距为 d_{2b}。仪器的 i 角为

$$i = \arctan \frac{(r_{1a} - r_{1b}) - (r_{2a} - r_{2b})}{(d_{1a} - d_{1b}) - (d_{2a} - d_{2b})} = \frac{(r_{2a} - r_{2b}) - (r_{1a} - r_{1b})}{20} \tag{5-7}$$

5.4.2　数字水准仪 CCD 传感器正确性的检定

CCD 传感器是数字水准仪获取测量数据的关键部件，也是数字水准仪的核心。CCD 传感器位置的正确程度，也决定了数字水准仪的测量精度。确定 CCD 传感器位置的共有 5 个参数，如图 5-8 所示，即前后倾斜、左右旋转、左右位移、前后位移和上下位移。仪器厂家在组装调试仪器时，都采用专业设备将 CCD 传感器调整到正确位置。由于任何调试技术和方法，都可能存在不同程度的误差，同时由于运输振动也可能产生影响，因此，用户买了新仪器，必须对部分参数进行检定。例如，对上下位移的检

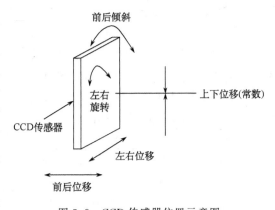

图 5-8　CCD 传感器位置示意图

定就是对电子 i 角的检定，可用前述的电子 i 角检定方法。检定 CCD 传感器的左右位移和左右旋转时，采用数字水准仪望远镜十字丝分划板照准条码标尺的中心位置，并读取视线高，用水平微动螺旋左右旋转，使望远镜十字丝分划板照准条码尺的条码边缘，直到仪器不能测量为止，若左右偏移量对称，则表明 CCD 传感器没有明显的左右位移和旋转；若左右偏移量不对称，而且视线高差较大，则表明 CCD 传感器位置不正确，需要将仪器送厂家维修。

5.4.3　流体静力水准测量主要误差来源

流体静力水准测量误差来源比较多，但概括起来主要是各种仪器误差和外界环境因素引起的误差。

1. 仪器误差

1）零点差

由于仪器制造和调试的影响，每台流体静力水准仪都有不同程度的零点差，这相当于水准标尺的零点差，偶数测站传递高程可使零点差自然消除。利用对调连通管的位置可以测定各管的零点差，即各测管对调前后的读数差分别为 Δ_1 和 Δ_2，则零点差为

$$\delta = \frac{\Delta_1 - \Delta_2}{2} \tag{5-8}$$

两点间的真高差为

$$\Delta = \frac{\Delta_1 + \Delta_2}{2} \tag{5-9}$$

为了测量设备的稳定性而固定安装的流体静力水准测量系统，只注重其位置的变化，而不测量高差，所以可不考虑零点差的问题。

2）CCD 传感器安置引起的误差

这种误差的大小取决于被测量的水准面质量，可控制在很小的范围内，一般不超过 $\pm 10 \mu m$。在固定安装的流体静力水准测量系统中及在相对性质的测量中，此项误差可忽略不计。

3）测管倾斜引起的误差

当流体静力水准仪测管倾斜时，自然会引起测量误差，如果量程不大，而且测量杆在结构上垂直于仪器的基脚，并放在装有液体的管体的对称轴上，此项误差可减少到忽略不计。

4）测微器螺旋和测鼓分划误差以及接触误差

此项误差在仪器制造和出厂调试过程中已进行了较严格的检核，各类仪器的此项误差都很小，一般不超过几微米。

5）毛细现象带来的误差

由分子理论可知，当液体分子间的相互作用力小于流体和固体分子间的作用力时，要产生润湿现象。水几乎完全润湿清洁的玻璃表面，水银不润湿玻璃但润湿铁。流体静力水准仪常用蒸馏水，当水润湿玻璃时，水面升高

$$h = \frac{2a}{r \cdot \rho \cdot g} \tag{5-10}$$

式中，a 为表面张力系数；r 为管的半径，单位为 cm；ρ 为液体密度，单位为 g/cm^3；g 为重力加速度，单位为 cm/s^2。

由上式可知，液体表面上升与 r 有关且 r 是仪器设计时确定的。因此，在设计流体静力水准仪的测管时，毛细管的管体直径应严格一致，这样，毛细现象对所测高差没有影响。对于水来说，可以采用直径大于 30mm 的管体，在这样的管体中，上述因素的影响很小。

6）测量杆和管身的变形误差

测量杆和管身由不同材料制成，当温度变化时，各种材料的膨胀系数不同，会使测杆和管身变形，影响测量精度。在仪器设计时，应尽可能地缩短测量杆的长度，或选用线膨胀系数接近的材料来制作静力水准仪的相关部件。

2. 外界环境因素引起的误差

外界环境指仪器外部的环境，也称测站的环境。由于流体静力水准仪自身的结构和特征，它除了受温度和气压的影响外，还受到重力、日月潮汐、地球曲率等的影响。

1）温度、气压和重力的影响

流体静力水准仪的内压适应于贝努利方程

$$P + \rho g h = 常数 \tag{5-11}$$

式中，P 为大气压力，单位为 kg/m^2；ρ 为流体密度，单位为 kg/m^3；g 为重力加速度，单位为 m/s^2；h 为水柱高，单位为 m，是观测值。

对式（5-11）微分可得

$$dh = -\frac{1}{\rho g}dp - \frac{h}{\rho}d\rho - \frac{h}{g}dg \tag{5-12}$$

式中，流体密度 ρ 是温度的函数

$$\frac{d\rho}{\rho} = \frac{1}{\rho}\frac{\Delta P}{\Delta t} \cdot dt = \beta dt \tag{5-13}$$

式中，t 为温度，单位为℃；β 为体积膨胀系数，对于水，$\beta = 18 \times 10^{-5}$。

由式（5-13），式（5-12）可改写为

$$dh = -\frac{1}{\rho g}d\rho - \beta h dt - \frac{h}{g}dg$$

将 $\rho = 1000$kg/m^2，$g = 9.8$m/s^2，$\beta = 18 \times 10^{-5}$ 代入上式，则得

$$dh = -\frac{d\rho}{q \cdot 8 \times 10^3} - 0.00018h dt - 0.000001h dg \tag{5-14}$$

由此可知，水柱高度的变化主要取决于大气压，当大气压变化 0.001mmHg 时，水柱高度的变化达 0.01mm。同时，温度变化对水柱高度 h 的影响成正比，

当管子温度变化 1℃ 时, 对水柱高差产生 ±1.5mm 的误差。为了使测量液面位置误差不超过 $10\mu m$, 温度误差应不大于 $0.5℃$。有时在测量水柱高的同时, 应测定水温。由式 (5-14) 可知, 重力误差影响不大。

2) 引潮力对液面高差的影响

在日、月引潮力的作用下, 重力方向会发生偏转, 从而影响水准测量的结果。引潮力对液面高差测量同样存在, 可用下式表示:

$$\Delta h = S\tan\varepsilon \qquad (5-15)$$

式中, S 为被测量高差的两点之间的距离, 单位为 m; ε 为垂线偏差, 单位为 (°)。

此项误差影响比较小, 当 $S = 500m$ 时, 对高差的影响在 $40\mu m$ 左右 (梁振英等 2004)。

3) 地球曲率对水准测量的影响

液体静力水准测量与常规水准测量一样, 也是由一水平视线测定两点间的高差, 由于水准面是重力位为某一常数的曲面, 所以水准测量结果存在地球曲率误差, 且随两点间距离的增大而增大。但此项误差具有系统误差的性质, 可以对观测结果进行改正, 其改正公式为

$$\Delta h = \frac{s^2}{2R} \qquad (5-16)$$

式中, s 为两高差点间的距离, 单位为 km; R 为地球半径, 单位为 km。

5.5 精密水准测量的实施

5.5.1 前期准备工作

精密水准测量通常为国家重点工程、大型工程和高科技工程服务, 精度要求高, 测量难度大。测量工作者要高度重视, 认真做好前期的准备工作。

制定工作计划

承担精密水准测量工作的单位或作业班组, 在作业前要了解和分析测区的有关资料, 根据测区水准路线的位置、坡度、自然环境、交通和气候特点等情况制定观测计划。计划主要包括以下几个方面:

1) 确定水准测量路线

考虑精密水准测量的特点, 尽量选择地势平坦、障碍少、交通不很繁忙, 而且强磁场等干扰因素少的路线。

2) 作业人员的选择

由于精密水准测量精度要求高，测量难度大，应选择业务熟练、责任心强的作业人员。一般一个观测组需要观测员 1 人，记录员 1 人、打伞 1 人、量距 1 人、扶尺 1 人等。水准测量是一项集体性活动，每个环节都事关重要，要求每个人都要认真负责，充分发挥各自的技能，做好本岗位的工作。同时要相互合作，密切配合。要形成以观测员为中心，扶尺员、量距员、记录员为骨干的协作集体。观测员一般要具有工程师以上职称，业务熟练，并有一定的管理能力。

3）仪器的检查与校正

根据有关规范要求，精密水准测量前必须对仪器进行检查与校正。通常在每天工作开始前，为了防止运输和其他因素致使水准器产生位置偏移，影响观测精度，在观测前，应首先对水准仪和标尺的圆形水准器的正确性进行检查校正。重点是对仪器 i 角进行检查校正。通常在作业开始后的一周内要求每天检查，确保 i 角的稳定性。在进行 i 角检查时，将仪器从箱中取出后要等待 5～10 分钟，使仪器的温度与外界温度一致时方可检查 i 角，以防止温度对 i 角检查产生影响。

5.5.2　精密水准测量的实施

精密水准测量的操作方法和限差要求，在相关规范和教科书中都有详细的论述，这里仅讨论这些规定的目的和具体的实施方法。

1）保持仪器与外界气温一致

精密水准测量在观测前 30 分钟，应将仪器置于露天阴凉处，使仪器与外界温度一致。在观测过程中，要用测伞遮挡太阳，防止由于温差引起仪器误差。

2）保持前后视距相等

前后视线等距观测是水准测量的基本方法。因为 i 角误差、调焦镜运行误差、大气折光误差等都与视距长度有关，保持前后视距相等，则大部分误差都会被消除。另一方面，因为等视距观测不必每次照准并调焦，这不但减少了调焦误差，还提高了工作效率。

3）保持标尺读数与时间和空间对称

精密水准测量采用一对奇偶测站为单元，分别以"后、前、前、后"和"前、后、后、前"的顺序进行观测，并以"视距—中丝"和"中丝—视距"的顺序完成每站前、后标尺的读数。这种方法称为对称法，此法可以消除与空间和时间有关的误差，如大气折射因空气梯度变化产生的改变，i 角因气温的变化产生的改变等前后影响相同的误差。这种与时间和空间对称的读数方法可消除或减少系统误差的影响。

4）减少视差引起的偏斜

在连续测站上安置水准仪时，应使其中两脚螺旋与水准视线方向平行，而第三脚螺旋应轮换于前进方向的左右侧，这种方式可减弱仪器竖轴不垂直而引起的误差。

5）每个测段的站数为偶数

每一测段的往测与返测，其测站数均为偶数，由往测转返测时，两水准尺应互换位置，同时前视与后视的读数顺序也作相应的改变。这种方法可消减两水准标尺零点不等差对观测高差的影响。

6）保持视线的长度

为了削弱地面折光差和观测误差的影响，必须保持视线的长度。水平视线在接近地面的折光差，与视线通过的空气温度梯度和视线长度的平方成正比。可见，视线越短，精度越高，但视线变短会使测站数增加，而与测站数有关的误差会增大。根据试验和研究，有关规范和专家一致认为，精密水准测量的视线在30m 左右为宜。

7）防止强磁场的影响

精密水准测量通常采用电子水准仪。电子水准仪接收电信号，要防止强磁场的影响。因此水准测量不宜在高压线下和强磁场附近设站，包括各种无线电发射台、微波站和变电站等。

8）选择适宜的观测条件

精密水准测量要选择适宜的观测条件，防止环境因素的干扰和影响。主要防止阳光、高温、风沙、气流、震动等影响。最适宜的环境是阴天多云，此时，太阳的热辐射微弱，地面百米内温度基本相同，仪器的照准误差、大气折光误差最小，观测精度受外界影响最小。

5.6　跨越障碍物的高程传递

现代大型桥梁、大型水电工程、跨江跨海隧道、输水输气管道及高耸建筑和地下工程等，都必须解决两岸或上下高程传递的问题。建立两岸或上下统一的高程坐标系，可使两岸和上下分别施工的建筑物构成统一的整体，以满足工程施工的各种要求和确保工程质量。跨越障碍物的高程传递有跨江跨海的高程传递和高层、地下的高程传递两种。

5.6.1　跨江跨海的高程传递

此类高程传递属于横向高程传递。若采用常规的水准测量，由于跨度大、视距过长，照准和读数很难满足精度要求，同时受大气折光等外界因素的影响，水准测量的优势无法保持。要达到高程传递的精度与常规的精密水准测量基本一致，需要采取特殊的设备和方法，完成跨越障碍物的高程传递。目前常采用水准仪法、测距三角高程和 GPS 水准法。

1. 水准仪法

水准仪法根据跨越障碍物的距离大小，分为光学测微法和倾斜螺旋法。

1）光学测微法

跨越障碍物距离在 100～500m，常采用光学测微法进行高程传递。为了精确照准较远距离的水准标尺分划线进行读数，要预先制作有加粗标志线的觇板，如图 5-9 所示。觇板常用铅板制成，在其上画有一个白色或黑色的矩形标志线。矩形标志线的宽度应满足人眼观测的需要。试验证明，标志线的宽度与跨越距离成反比，常取跨越距离的 1/25000，如跨越距离 250m，则矩形标志线的宽度为 1cm，矩形标志线的长度为宽度的 5 倍。

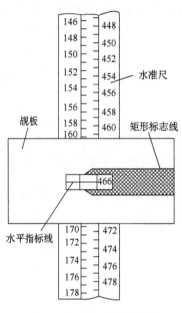

图 5-9　加粗标志线觇板图

觇板中央开一矩形小窗口，窗口中央装有一条水平的指标线。指标线可用马尾丝或其他细丝，指标线应准确地平分矩形标志线的宽度，即与标志线的上下边缘等距。指标线的位置是决定测量精度的重要因素之一。觇板背面装有夹具，可使觇标沿水准标尺上下移动，并能使觇板随时固定在水准标尺上的任一位置。

观测时，仪器整平后，先对本岸近标尺进行观测，接连两次照准标尺的基本分划，使用光学测微器进行读数。

观测对岸水准标尺时，由于距离较远，将仪器严格置平，对准对岸水准标尺，使符合水准气泡精密符合，达到视线精确水平。再使测微器读数置于分划全程的中央位置。然后通过无线电话或手机指挥对岸测量人员将觇板沿水准标尺上下移动，直至觇板上的矩形标志线被望远镜中的楔形丝平分夹住为止。这时，觇板指标线在水准标尺上的读数，就是水平视线在对岸水准标尺上的读数。已知两岸水准标尺的读数，两点高差很容易算出。

2）倾斜螺旋法

当跨越障碍物的距离大于 500m 时，上述的光学测微法就很难进行，必须采用其他方法来解决对岸标尺的照准和读数问题。跨越距离在 500m 以上，2000m 以内，可采用"倾斜螺旋法"。

　　倾斜螺旋法利用水准仪的倾斜螺旋使视线倾斜地照准对岸水准标尺上的觇板标志线（用于此法的觇板有 4 条标志线），利用视线的倾角与标志线之间的已知距离间接求出水平视线在水准标尺上的精确读数。视线的倾角可用倾斜螺旋分划鼓转动格数（指倾斜螺旋有分划鼓的仪器，如 N_3 水准仪）或用水准器气泡偏离中央位置的格数（指水准器管面上有分划的仪器，如 Ni004 水准仪）来确定，没有以上功能的仪器无法进行。

　　用于倾斜螺旋法的觇板一般有 4 条标志线，觇板中央设有小窗口和觇板指标线。觇板指标线可读取水准标尺上的读数，如图 5-10 所示。

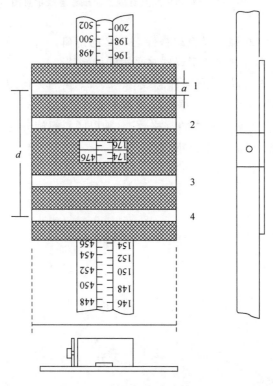

图 5-10　觇板指标线读数图

　　通过观测对岸水准标尺觇板的 4 条标志线，并根据倾斜螺旋的分划值可确定标志线之间所张的夹角，通过计算可求得相当于水平视线在对岸水准标尺上的读数 A。设在本岸水准标尺上的读数为 b，则两岸水准标尺间的高差为

$$\Delta h = b - A$$

　　为了求得 A 值，在对岸水准标尺上安置觇板，如图 5-11 所示。图中 l_1 为觇板标志线 1、4 间的距离；l_2 为 2、3 间的距离；a_1 为水准标尺零点至觇板标志

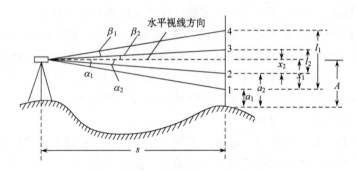

图 5-11　对岸标尺安置觇板 4 根标志线示意图

线 1 的距离；a_2 为水准标尺至觇板标志线 2 的距离；x_1 为标志线 1 至仪器水平视线的距离；x_2 为标志线 2 至仪器水平视线的距离。

α_1、α_2、β_1、β_2 为仪器照准标志线 1、2、3、4 的方向线与仪器水平视线的夹角。这些夹角的大小，可根据仪器照准标志线 1、2、3、4 时，倾斜螺旋读数与视线水平时倾斜螺旋读数之差（格数），乘以倾斜螺旋分划鼓的分划值而求得。s 为仪器至对岸水准标尺的水平距离。

由于 α_1、α_2、β_1、β_2 的角度很小，由图 5-11 可得

$$x_1 = s \frac{\alpha_1}{\rho}$$

$$l_1 - x_1 = \frac{\beta_1}{\rho} s$$

由以上两式可得

$$x_1 = \frac{l_1 \alpha_1}{\alpha_1 + \beta_1} \tag{5-17}$$

同理可得

$$x_2 = \frac{l_2 x_2}{\alpha_2 + \beta_2} \tag{5-18}$$

由图 5-11 可知

$$\left.\begin{array}{l} A_1 = a_1 + x_1 \\ A_2 = a_2 + x_2 \end{array}\right\} \tag{5-19}$$

取 A_1 和 A_2 的平均值，可得仪器水平视线在对岸标尺上读数

$$A = \frac{1}{2} (A_1 + A_2) \tag{5-20}$$

对岸跨越障碍物的水准标尺上的读数 A 值求出后，则两岸水准标尺点间的高差便可算出，设本岸水准标尺上的读数为 b，则高差为

$$\Delta h = b - A \tag{5-21}$$

式 (5-17) 和式 (5-18) 中的 l_1、l_2 可在测前用一级线纹米尺精确测定。式 (5-19) 中的 a_1、a_2 由觇板指标线在水准标尺上的读数减去觇板标志线 1、2 的中线至觇板指标线的间距求得（孔祥元　2002）。

2. 测距三角高程法

当障碍物两端设站高差超过 2m，致使水平视线上、下两照准标志无法在水准标尺上设置时，上述各种方法很难进行精密水准测量，这时通常采用测距三角高程法来测量。测距三角高程测量法分为方法一和方法二。

1）方法一

此法使用两台全站仪对向观测，测定偏离水平视线标志的倾角，并测量测站至标志的距离，计算两岸站点间的高差。为了达到高程精密传递的目的，在图形设计时，增加两条观测视线，如图 5-12 所示。此方案增加了多余观测，测量 6 条边。其优点是布点灵活，可靠性好，适合于两岸地形特征不同的各种环境使用。

（1）距离测量。

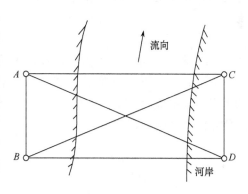

图 5-12　测距三角高程法的图形配置

采用测距精度不低于 $(2mm + 3 \times 10^{-6} D)$、测角精度 $\pm 2''$ 的全站仪。如图 5-12 所示，测定 AB、CD、AC、AD、BC、BD 各边的距离，往返测 2 个测回，往返测距差不大于 3mm。测距仪每照准反射镜 1 次，读 4 次数为 1 测回。仪器高和反射镜高量至 1mm，两次高差测量之差应小于 3mm。

距离按规范要求进行气象元素的测定，并进行气象改正和仪器常数改正，将边长归算到 A、B、C、D 各点的平均高程面上。

（2）垂直角测量。

垂直角测量方法与常规测量方法没有本质区别，只是照准目标是标尺。观测近标尺垂直角时，以标尺上最接近仪器水平视线的 1 个标尺分划线为目标，采用盘左盘右位置，对分划的上、下边缘分别照准读数 2 次，同一位置的读数互差应小于 3''，取中数。观测远标尺垂直角时，以标尺上的觇板标志进行测量。每组观测中应在盘左盘右位置对每个照准标志读 4 次，同一标志的读数互差应小于 3''。若采用精度优于 T-2000 的电子经纬仪观测垂直角时，由于它的自动安平精度较高，观测组数可适当减少。观测的程序具体如下：

①两岸分别在 A、C 点设仪器，在 B、D 点设置标尺。两岸同时观测本岸标尺，得垂直角 α_{AB}、α_{CD}，接着同时观测对岸标尺，得垂直角 α_{AD}、α_{CB}。

②A 点仪器和 B 点标尺不动，将对岸 C 点仪器迁至 D 点，D 点标尺迁至 C 点，待仪器和标尺安置稳定后，两岸同步观测对岸标尺，得垂直角 α_{AC}、α_{DB}。

③D 点仪器和 C 点标尺不动，测 α_{DC}。将本岸 A 点仪器与 B 点标尺对调位置，两岸又同步观测对岸标尺，得垂直角 α_{BD}、α_{CA}；接着在 C 点再观测 D 点标尺，第二次测得 α_{CD}。

(3) 高差计算。

如图 5-13 所示，近标尺水平读数为 b，远标尺水平读数为 A。以 1 个照准标志为例计算高差，如图 5-12 中 B、C 为两岸放置标尺的 1 组标石，B、C 两点的高差为

$$\Delta h_{BC}=b-A=(a_1-l_1\tan\alpha_1)-(a_2-l_2\tan\alpha_2) \tag{5-22}$$

式中，a_1 为近标尺照准标志的高度，单位为 m；a_2 为远标尺照准标志的高度，单位为 m；α_1 为近标尺照准标志的垂直角，单位为 (″)；α_2 为远标尺照准标志的垂直角，单位为 (″)；l_1 为近标尺至仪器的水平距离，单位为 m；l_2 为远标尺至仪器的水平距离，单位为 m。

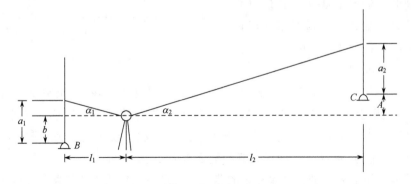

图 5-13　测距三角高程法计算示意图

在观测过程中设两个或多个标志的目的是为了提高测量精度，同时也可检验粗差，增加测量结果的可靠性。

2) 方法二

此法采用两台同型号的全站仪，并在仪器顶部架设反射棱镜。方法二适合跨越障碍超过 3500m 以上，对两岸的高差大小和环境等没有严格要求的情况，可适应多种条件的高程传递。

方法二要求两岸同时对向观测距离，每次观测 3 个测回，每个测回读 4 个数，取平均值作为观测结果。观测过程中仪器不能变动。垂直角观测时同样要求

两岸同时观测并测 3 个测回。方法二的关键是测量两岸的仪器高和觇标高。量高的方法很多，应根据具体情况而定，但要求两次量高互差不大于 2mm。方法二的优点是能减少跨越水面的大气折光等外界条件误差的影响，提高精度。

高差计算时按斜距计算公式为

$$\Delta h = D\sin\alpha + (1-k)\frac{D^2}{2R}\cos^2\alpha + i - V \tag{5-23}$$

式中，Δh 为测站与镜站之间的高差；α 为垂直角；k 为大气折光系数；i 为全站仪水平轴至地面点的高度；v 为反光镜瞄准中心到地面点的高度。

两岸高差分别按式（5-23）单独计算，取两岸分别观测的平均值，作为最后的观测成果。

3. GPS 水准高程传递

GPS 定位测量技术已在平面控制网和工程建设中发挥了巨大作用且应用面越来越广。GPS 水准高程传递一直是测绘界十分关注的问题，经过许多学者的长期努力和科学试验，GPS 水准已达到了等级水准测量的精度。GPS 水准高程传递的最大特点就是适应远距离的高程传递，可长达几百千米，甚至上千千米。这有效解决了人们向往的大跨度的岛屿之间、洲际之间的高程传递。

1）GPS 水准

GPS 水准测量的本意是 GPS 测量与精密水准测量相结合，即在 GPS 控制网中，选择一定数量的控制点，加测精密水准，使这一部分控制点既有 GPS 高程又有精密水准高程。如图 5-14 所示，由 GPS 测量得地面点 P 的大地高 H，由精密水准测量得该点的正常高 h，则该点的高程异常为 ξ，其相互关系为

$$H = h + \xi \tag{5-24}$$

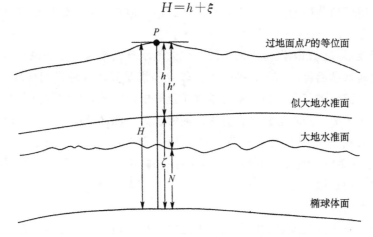

图 5-14　正高、大地高和大地水准面关系示意图

或

$$H=N+h' \qquad (5-25)$$

式中，h' 为正高；N 为大地水准面差距或称大地水准面高。式（5-24）、式（5-25）实际上是一个近似公式，精确到亚毫米，因为大地高 H 是沿椭球面的法方向（直线），而正高 h' 则是沿等位置的垂线方向。严格地讲，H 与 h 和 h' 并不重合。由图 5-14 或式（5-24）可知，H、h、ξ 是紧密相联的，只要利用 GPS 测量求得大地高 H，由水准测量求得正常高 h，就可以很容易地求得高程异常 ξ。同理，如果已知高程异常 ξ，可用 GPS 测量求得大地高 H，就很容易求定正常高 h

$$h=H-\xi \qquad (5-26)$$

$$h'=H-N \qquad (5-27)$$

这种方法求定正常高 h 的精度已达到三、四等水准精度，个别试验已达到二等水准精度，不久的将来将可望达到一等水准精度。

由式（5-26）和式（5-27）可知，若已知 H、h（或 h'）则有

$$\xi=H-h \qquad (5-28)$$

$$N=H-h \qquad (5-29)$$

采用这种方法是精化大地水准面或似大地水准面的有效途径，精度可达厘米级。由式（5-28）和式（5-29）计算的 ξ 和 N 是相对 WGS84 椭球的，欲求相对于 1980 年国家大地坐标系椭球的高程异常，必须经过坐标系统的转换。

由式（5-26）可知，应用 GPS 水准高程法求正常高，必须已知被测点的高程异常。传统的天文水准或天文重力水准确定的高程异常精度较低，不能满足正常高的精度要求。目前采用的方法是在测区内，用精密水准测量方法较均匀地测定少数 GPS 点的正常高，从而求得这些点的高程异常，然后利用这些点的高程异常，采用回归分析的方法，拟合出测区的似大地水准面，最后通过 GPS 测量，就可以确定 GPS 点的正常高。

由于地形起伏和测区范围的不同，似大地水准面拟合的方法也不同。平原地区，似大地水准面比较简单，拟合精度较容易满足要求。地形起伏较大的地区，似大地水准面比较复杂，拟合精度难以满足要求。因此，应根据测区范围的大小和地形起伏情况，合理选择拟合方法。通常认为，测区范围小的平坦地区或低丘陵地区，采用平面拟合为宜；范围稍大地区则采用二次曲面拟合（梁振英 2004）。根据精密工程测量的特点，其工作范围不是很大，因此这里不介绍适应范围大的多项式拟合法。

（1）平面拟合法。

对于平原或低丘陵且测区范围小的地区，把大地水准面近似看作线性的光滑平面，这时可采用平面拟合法。假设相应点的高程异常为 ξ，平面坐标为（x，

y)，相应的误差为 ε，则有

$$\xi = f\ (x,\ y)\ = a_0 + a_1 x + a_2 y + \varepsilon \tag{5-30}$$

根据测区内若干点上的高程异常和平面坐标（x，y），用最小二乘原理平差求出系数 a_i，由式（5-30）求得定点 ξ，再由式（5-26）求定待定点的正常高 h。

（2）二次曲面拟合法。

在范围稍大的地区，可用二次曲面方程求出待定点

$$\xi = f\ (x,\ y)\ = a_0 + a_1 x + a_2 y + a_3 x^2 + a_4 xy + a_5 y^2 + \varepsilon \tag{5-31}$$

大量的试验和实践都充分证明了这种 GPS 水准测量精度可观，方法可行，已得到广泛应用。

2）GPS 水准高程传递

传统的高程传递最好的方法是精密水准测量。精密水准测量的特点是一个测站一个测站地传递高程，每站只有 50～60m。这种作业方式不但费工、费时，而且误差随着距离而积累。假如每千米以 ±1mm 误差计算，那么 1000km 的传递误差估计为 ±32mm，实际误差可能会更大。目前，对精密水准测量的误差传播，由于没有一个可靠的外部控制，所以很难估计它的实际精度。最关键的问题是精密水准测量对于跨越远距离障碍物的高程传递很难达到精度要求。

与精密水准测量相比，应用 GPS 水准高程传递具有明显的优势，不但跨越距离大，而且误差积累小，省时、省力、省钱，最适合跨越远距离的高程传递。

GPS 水准在 GPS 连续运行站的控制下，可以直接测定毫米级大地高。在 2000km 的距离上，如果站间距离 500km，误差积累只有 $\pm 10\sqrt{4} = \pm 20$mm；如果站间距离 100km，误差积累为 $\pm 10\sqrt{5} = \pm 22$mm。由此可见，GPS 高程传递大地高的精度很高，几乎没有什么误差积累，是远距离高程传递的最佳方案。

5.6.2　高层或地下工程的高程传递

此类高程传递属于纵向高程传递，若采用常规水准测量，由于高差太大且观测条件差，一般无法进行。要达到待传递高程点与地面点高程统一坐标系，而且精度与地面点基本一致，目前常采用吊尺高程传递法和测距仪高程传递法。

1. 吊尺高程传递法

为了满足高层建筑或地下工程对高程控制的要求，需要把地面已知高程传递到高层建筑上或较深的地下，实施精密高程传递。吊尺高程传递又分为长尺和短尺两种方式。

1）长尺高程传递

此法是采用长钢尺将地面高程一次传递到待测点。钢尺根据需要而定，有

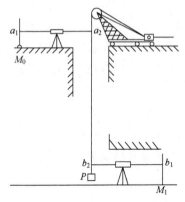

图 5-15　悬吊钢尺传递高程

100m，200m，…，1000m 不等。尺上应有厘米、毫米刻划，在使用前应进行检定。我国这类长钢尺不多，可将短钢尺牢固地连接起来，精确测定各接头的长度，并在用后再丈量其长度进行检查。具体工作原理如图 5-15 所示，在洞口上架设滑轮，将检定过的钢尺由滑轮向洞内放送，当钢尺接近底部时，在洞口处把钢尺固定，并在末端挂重锤 P。在地面和井下分别设置水准仪和水准尺。上下两台水准仪同时在钢尺上读数为 a_2、b_2，在水准尺上读数为 a_1、b_1。同时，还需测上、下温度 t_1、t_2，取其平均值作为测量时的温度。M_1、M_0 两点的高差为

$$h = (b_2 - a_2) + (b_1 - a_1) + \sum \Delta l \tag{5-32}$$

式中，$\sum \Delta l$ 为钢尺比长改正 Δl_k、温度改正 Δl_t、拉力改正 Δl_P 和钢尺自重伸长改正 Δl_c 的总和。

（1）钢尺比长改正

$$\Delta l_k = a_1 l \tag{5-33}$$

式中，a_1 为钢尺每米改正系数；l 为尺长。

（2）钢尺温度改正

$$\Delta l_t = a(t - t_0) \tag{5-34}$$

式中，a 为钢尺线胀系数；t_0 为钢尺检定时温度；t 为测量时上下温度的平均值。

（3）钢尺拉力改正

$$\Delta l_p = \frac{l(P - P_0)}{E \times S} \tag{5-35}$$

式中，P 为测量时的拉力，单位为 kg；P_0 为检定时的拉力，单位为 kg；E 为钢尺的弹性系数，$E = 2 \times 10^6 \, \text{kg/cm}^2$；$S$ 为钢尺横断面积，单位为 cm²。

（4）钢尺自重伸长改正

$$\Delta l_c = \frac{\gamma}{2E}(a_2 - b_2) \tag{5-36}$$

式中，γ 为钢尺相对密度，即 7.8kg/cm³；E 为钢尺弹性系数；$(a_2 - b_2)$ 为两台水准仪水平视线间的钢尺长度。

长钢尺传递高程应独立进行两次，并取两次平均值作为测量成果。在第二次观测时，应改变上下两台仪器的高。

2）短钢尺传递高程

短钢尺传递高程的方法与长钢尺传递方法基本相同，只是将高程传递分阶段进行，而每段不超过钢尺的长度，分段测量并取各段长度总和为上下高程传递的结果。

2. 测距仪高程传递

随着测距仪的广泛应用，采用测距仪传递高层或地下工程的高程是比较可取的先进方法。但当对地下传递高程时，由于井中滴水较多时会产生较浓的雾且水对红外光吸收较强，当井筒较深时，不宜采用红外测距仪，而应采用激光测距仪。

用测距仪传递高程的原理如图 5-16 所示，将测距仪 G 安置在井口附近，在井架上安置反射镜 E（与水平线成 45°角），反射镜 F 水平置于井底，反射面向上。显然测距仪所测得的光程长

$$S=GE+EF \tag{5-37}$$

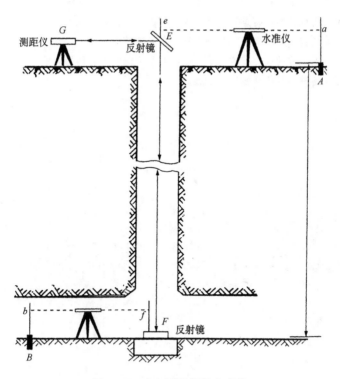

图 5-16　光电测距仪导入高程

设仪器 G 至反射镜 E 的距离为 l，则 EF 高差 H 为

$$H=S-l+\Delta l \tag{5-38}$$

式中，Δl 为测距仪气象改正和常数改正的代数和。

同时在井上下分别安置水准仪，读取立于 E、A 及 F、B 处水准标尺的读数分别为 e、a 和 f、b，则井上下水准基点 A、B 两点的高差为

$$\Delta h = H - (a-e) + b - f \tag{5-39}$$

则 B 点的高程为

$$H_B = H_A - \Delta h \tag{5-40}$$

从而达到高程传递的目的。测距仪高程传递，也应独立进行两次。

习题与思考题

1. 试述数字水准仪的原理。
2. 试述流体静力水准仪的原理。
3. 数字水准仪的主要误差指哪些？
4. 概述数字水准仪的 i 角检定方法。
5. 概述流体静力水准仪的主要误差来源。
6. 跨江跨海高程传递的特点是什么？与常规高程测量有何区别？
7. 跨江跨海高程传递主要有哪几种方法？各有何特点？
8. 高层或地下工程的高程传递主要应用哪几种方法？各有何特点？
9. 试述提高各种高程传递精度的措施。

第6章 精密定向测量

6.1 概　述

精密定向是精密工程测量的主要内容之一。定向即确定空间任一条直线与标准方向的夹角。由测量工作的特性可知，定向同样可分为测定和定测两种情况。测定是测量空间任意两点的方向，定测是把图上设计的方向标定到实地去或将已知方向传递到地下（井下）等特殊的条件下，并进行施工导向测量等。精密定向与一般定向相比，技术性强、定向精度高、可靠性和稳定性好、工作难度大。定向根据其方向不同可分为平面定向、垂直定向和倾斜定向。目前主要定向方法有直线定向、激光定向、陀螺定向和地下工程自动导向等。这些定向方法又可分为几何定向和物理定向。

6.2 直　线　定　向

确定地面直线与标准方向的夹角称为直线定向。直线定向要解决两个问题，即选择标准方向和测定直线与标准方向之间的夹角。

1. 标准方向

1）真子午线方向

通过地球表面某点的真子午线的切线方向，称为该点的真子午线方向。真子午线方向可用天文测量、陀螺经纬仪测量等方法测定。通常用指北极星的方向来表示近似的子午线方向。

2）磁子午线方向

通过地球表面上某点的磁子午线的切线方向，称为该点的磁子午线方向。磁针在地球磁场的作用下，自由静止时其轴线指示的方向即为磁子午线方向，磁子午线可用罗盘仪测定。

3）坐标纵轴方向

地球表面任一点与所在的高斯平面直角坐标系或假定坐标系的坐标纵轴平行的直线，称为该点的坐标纵轴方向。工程测量的标准方向通常采用坐标纵轴方向。

2. 表示直线方向的方法

测量工作中，常用方位角表示直线的方向。由标准方向北端起，顺时针到直线的夹角，称为该直线的方位角。方位角的取值范围在 $0° \sim 360°$。根据标准方向的不同，方位角又分为真子午线方位角、磁方位角和坐标方位角三种，如图 6-1 所示。

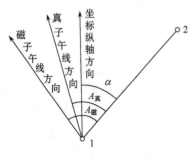

图 6-1　三种方位角及其关系

若以坐标纵轴为标准方向，则纵轴与直线 1-2 的水平夹角 α，称为该直线的坐标方位角；若以过 1 号点的真子午线方向为标准方向，则与直线 1-2 的夹角 $A_真$ 称为该直线的真子午线方位角；若以过 1 号点的磁子午线方向为标准方向，则与直线 1-2 的水平夹角 $A_磁$ 称为该直线的磁方位角。

3. 三种方位之间的几何关系

1) 真子午线方位角与磁方位角之间的关系

由于地球的南北极与磁场的南北极并不重合，因此，过地面上某点的真子午线方向与磁子午线方向也不重合，两者之间的夹角称为磁偏角 δ，如图 6-2 所示。磁针北端偏于真子午线以东称为东偏，偏于真子午线以西称为西偏。直线的真子午线方位角与磁方位角之间可用下式换算：

$$A_真 = A_磁 + \delta \tag{6-1}$$

式中，磁偏角 δ 东偏为正，西偏为负。由于我国幅员范围大，磁偏角变化在 $+6° \sim -10°$。

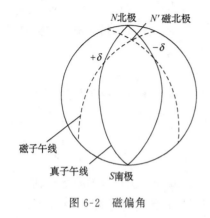

图 6-2　磁偏角

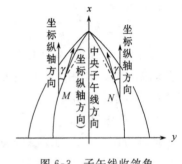

图 6-3　子午线收敛角

2）真子午线方位角与坐标方位角之间的关系

中央子午线在高斯平面上是一条直线，作为该带的坐标纵轴，而其他子午线投影后为收敛于两极的曲线，如图 6-3 所示。图中地面 M、N 等点的真子午线方向与中央子午线之间的夹角，称为该点真子午线与中央子午线的收敛角 γ。在中央子午线以东各点的 γ 取正，在中央子午线以西各点的 γ 取负。某点的子午线收敛角可用下式表示：

$$\gamma = (L - L_0) \sin B \tag{6-2}$$

式中，L_0 为中央子午线的经度；L、B 为计算点的经纬度。

真子午线方位角与坐标方位角之间的关系，可用下式进行换算：

$$A_{\text{真}} = \alpha + \gamma \tag{6-3}$$

3）坐标方位角与磁方位角之间的关系

若已知某点的磁偏角 δ 与子午线收敛角 γ，则坐标方位角与磁坐标方位角之间的换算公式为

$$\alpha = A_{\text{磁}} + \delta - \gamma \tag{6-4}$$

4. 直线定向的实施

从以上叙述可知，定向就是确定某直线的方位角。在实际工作或某工程建设中，为了整个测区坐标系统的统一，测量工作中并不直接测定每条边的方位角，而是通过与已知点的连测，推算出各边的方位角，如图 6-4 所示。图中 A、B 为已知点，为了确定 1-2 直线的坐标方位角，用经纬仪在 B、L 两点处测水平角，通常沿前进的方向测左角，然后推算 1-2 直线

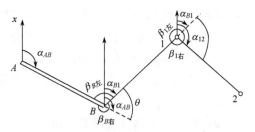

图 6-4　方位角的推算

的方位角。精密工程测量中的定向精度要求高，方位角传递过程中的水平角测量中误差要达到 $0.1'' \sim 0.5''$，甚至更高。

6.3　激　光　定　向

激光是一种具有高亮度、高单色性、高方向性的光源，所发射的光束是一条很精细的光线，而且可抗拒许多不同波长光线的干扰。激光定向主要应用了激光的上述特性，其光源是气体激光和半导体激光，这种激光对人体伤害较小。图 6-5 所示为 He-Ne 气体激光器原理图，这是一个两侧设有谐振反射镜的玻璃管

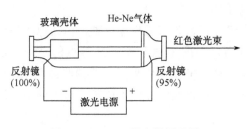

图 6-5　He-Ne 激光器原理图

器皿，内装 He-Ne 气体，用激光电源激励，He、Ne 气体吸收能量后，原子由低能级跃迁到高能级，实现了粒子数返转，使处在高能级的粒子数比处在低能级的粒子数多得多，此时，就会有高能态的粒子自发向低能级跃迁回到基态，从而辐射出自发光子束。这些光子的方向是杂乱无章的，但其中一部分沿着谐振腔轴线方向的光子，通过反射镜做往返运动，在这种往返过程中，又会激励高能态原子受激辐射，而受激辐射的光子在谐振腔内继续做往返运动，不断激励高能态的原子受激辐射，如此下去，像滚雪球一样越滚越大，受激辐射的光子越积越多，当光子积累到足够的数量时，增益大于损耗，则形成光子振荡，即光足够强时，它便从部分反射镜的一端输出部分光束，这就是激光。He-Ne 激光的波长为 $0.6328\mu m$。

激光定向利用激光器与测量仪器结合进行。目前常用的有激光经纬仪、激光指向仪和激光铅垂仪（用于垂直定向）。

1. 激光经纬仪的定向方法

激光经纬仪如图 6-6 所示，与同类光学经纬仪相比，其光学测角方法是相同的，不同的是激光经纬仪可进行激光定向。

1）激光经纬仪水平定向的一般方法

（1）准备。安置仪器，接上电源，在望远镜前套装波带板。激光开关处于关的位置，防止激光射眼。

（2）瞄准。望远镜先照准已知点方向并记录度盘读数，接着照准定向目标，打开电源，激光发射，从望远镜射出一束光。

（3）定向。转动望远镜螺旋，使激光聚焦点落点为定向点，读取度盘上读数，通过计算定向方位角。这是测定方向。

定向的另一种情况是把设计的方位角标定到实地去。根据已知方向和设计方向，在照准已知点后，标出度盘的读数，按照此读数精确照准目标，激光聚焦点落点就是定向点。这是定测方向。

（4）收测。关激光电源，取下波带板。

2）激光经纬仪垂直定向的一般方法

（1）准备。在激光经纬仪上取下直读数管，装上弯读数管，垂直方向上安置靶板。

（2）瞄准盘左纵转望远镜，调制竖盘水准气泡居中，并使读数窗读数为整

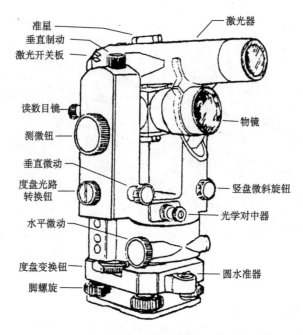

准星
垂直制动
激光开关板
激光器

读数目镜
测微钮
物镜

垂直微动
度盘光路
转换钮
水平微动
竖盘微斜旋钮
光学对中器

度盘变换钮
脚螺旋
圆水准器

图 6-6　激光经纬仪

90°，不能有分、秒差，这决定了垂直定向的精度。打开激光电源，激光从望远镜射出。

（3）落点。转动望远镜调焦螺旋，使激光落点聚焦，并在激光靶面的落点处做上标记。

（4）转向落点。转动激光经纬仪照准部 90°，仍在激光靶面的落点处做标记。按此法再连续两次转向落点。

（5）取以上四个点的中心位置为最后的垂直定向位置。

如果激光经纬仪的竖盘指标线没有自动归零装置，上述每次落点前应注意竖盘水准气泡居中。

2. 激光指向仪的导向方法

激光指向仪也称激光照准仪，常用在隧道掘进时的导向，既能提高工作效率，又能适应隧道机械化掘进的需要。激光指向仪导向方法和仪器安置如图 6-7 所示。

（1）用经纬仪在隧道中标设一组中线点 A、B、C，并在中线的垂线上标出腰线的位置，要求 B、C 两点间距离为 30～50m。

（2）在安装指向仪的中线点处的顶板上，安装一定尺寸的 4 根锚杆，再将带

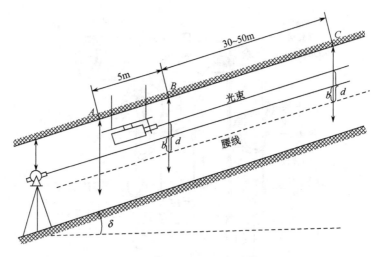

图 6-7　激光指向仪导向

有孔的两根角钢安在锚杆上。

（3）将激光指向仪的悬挂装置用螺栓与角钢相连，根据仪器前后的中线点 A、B 和 C 移动仪器，使之处于中线和腰线的方向上，然后将螺栓固紧。

（4）接通电源，激光束射出，使用水平调节钮使光斑中心对准前方的 B、C 两个中线点，再上下调节光束，使光斑中心到两垂球线的腰线标志的垂距相等为止。这时红色激光束是与腰线平行的中线，直接指示隧道掘进方向，起到水平定向（中线）和倾斜定向（腰线）的作用。

3. 激光铅垂仪定向原理与方法

1）激光铅垂仪的原理与结构

激光铅垂仪是一种专供垂直定向（定位）的仪器。它主要由 He-Ne 激光管、精密竖轴、发射望远镜、水准器、激光电源和基座等部件组成，如图 6-8 所示。激光管由两组固定螺钉固定在套管内。仪器的竖轴是一个空心筒轴，两端有螺扣连接，激光器安装在筒轴的上（或下）端，发射望远镜安装在上（或下）端，即构成向上（或向下）发射激光的铅垂仪。仪器设有两个互成 90° 的水准器，其格值一般为 20″/2mm。使用时，通过使水准管气泡居中整平仪器。利用激光管底端（全反射棱镜端）所发射的激光束严格对中，接通激光电源，即可发射垂直激光束，可达到垂直定向（定位）作用。在使用前必须对仪器进行长水准轴垂直于竖轴和激光束的光轴与仪器竖轴中心重合两项检验。

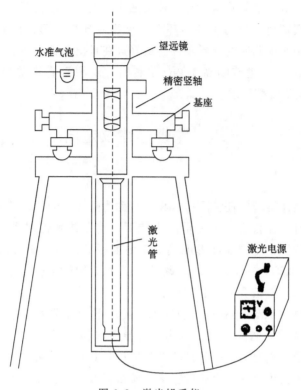

图 6-8　激光铅垂仪

2）激光铅垂仪的定向方法

　　激光铅垂仪主要用在高层建筑物的施工过程中，取代以往用挂垂线或用经纬仪的方法进行垂直测量，其精度高、速度快、操作简单，较典型的应用是其在烟囱施工测量中的应用。

　　烟囱等高大建筑物是滑模施工，为了便于施测，可在基坑底部的中心点位浇筑固定仪器支架（如混凝土观测墩），将检验后的激光铅垂仪安在此架上。此外，为了防止施工中高处掉下杂物砸破仪器，可在仪器上方设置防护罩，罩顶开有小孔，以便激光通过，不测量时可把小孔盖子盖好。

　　在烟囱中心施测时，于工作平台中央安置接收靶，打开激光电源，使激光束向上射出，调节望远镜调焦螺旋，使接收靶得到清晰的接收光斑，然后整平仪器，使竖轴垂直。此时，绕竖轴旋转仪器，光斑中心始终在同一点或画一个小圆。在接收靶处的观测员记录激光光斑中心在接收靶上的位置，随着铅垂仪绕竖轴旋转，光斑中心的移动轨迹一般为一个小圆，小圆中心即为铅垂仪的投射位置。根据这一中心位置可直接测出滑模的中心偏离值，供施工人员调整滑模位置。

　　由于烟囱、电视塔等建筑物是一种长细比很大、壁体较薄的构筑物。在施工过程中，受太阳辐射、风力等外界环境条件影响比较明显。因此，在施工放样时，必须注意中心施测时的外界条件。最好选在日出前数小时进行。激光铅垂仪的这种投点方法，在建筑物高 150m 左右时，观测垂直度的最大垂直偏差在 25mm 左右，满足规范要求。

6.4　陀螺经纬仪定向

1. 概述

　　绕自身轴高速旋转的任意刚体（物体）称为陀螺。匀速自转的陀螺在没有任何外力矩作用时，在自身转动惯量的维持下，其自转轴指向惯性高空固定的方向。利用这一特性，陀螺仪能够准确测定地面任意点（在地理南北纬度不大于 75°的范围内）的真子午线方向。陀螺经纬仪（或称陀螺全站仪）是将陀螺仪和经纬仪（或全站仪）结合在一起的仪器。

　　陀螺原理早在 1852 年就被人们发现，随后不少科学家对陀螺理论作了深入研究。1910 年陀螺仪首先在海上应用作为导航仪器，接着应用于矿山和隐蔽地区进行定向测量，当时只是一种试验性的应用，其精度与可靠性都比较差。陀螺的实质性发展大概可分为三个阶段。第一阶段是 20 世纪 50 年代在船舶陀螺仪的基础上，研制出矿用液浮式陀螺仪，这是陀螺经纬仪发展的初级阶段。这一阶段陀螺仪的主要不足是体积大、过于笨重，而且操作复杂，定向时间长，精度低。第二阶段从 60 年代开始，在液浮式陀螺仪的基础上，利用金属悬挂带把陀螺灵敏部悬挂在经纬仪空心竖轴以下，悬挂带上端与经纬仪的壳体相固连，采用导流丝直接供电。改进后的仪器结构大为简化，取消了电磁线圈，大大降低了电能消耗，并采用了携带式蓄电池组和晶体管变流器，缩小了体积，减轻了重量，提高了精度。这一阶段的陀螺经纬仪，一般一次定向可在 1 小时内完成，一次定向中误差可达 ±30″～60″。第三阶段是 70 年代，由于陀螺技术的发展，精密化、小型化陀螺元件的出现，同时考虑到定向测量的精度要求和作业环境的特点，发展了跨放在经纬仪支架上的陀螺附件，称为上架悬挂式陀螺经纬仪。这种仪器体积小，重量轻，观测时间短，而且便于操作和携带。如瑞士威尔特厂的 GAK-1，一次定向中误差可达 ±20″。随着科学进步和社会的发展，上述定向精度已满足不了精密工程测量的需要，80 年代，又出现了自动陀螺经纬仪，一次定向精度可达 ±3.2″，可以满足精密工程测量的定向精度要求。

　　陀螺经纬仪的工作原理，地球自转对陀螺仪的作用，陀螺仪轴对地球的相对运动，以及自由陀螺仪的两个基本特征等，已在许多教科书中作了详细的论述，这里不再重复，在此主要介绍全自动陀螺经纬仪。

2. 全自动陀螺经纬仪

全自动陀螺经纬仪由自动陀螺仪和电子经纬仪组成。自动陀螺仪一般通过数据电缆与电子经纬仪连接，并在计算机程序的控制下自动完成定向的整个操作过程。通常可在不足 10 分钟内达到优于 $\pm 3.2''$ 的定向精度。自动陀螺经纬仪在无须人工任何干预的情况下可快速、高精度地实现定向测量，同时，彻底改变了光学陀螺经纬仪定向效率低、劳动强度大、精度低的弊端。自动陀螺经纬仪定向的主要操作步骤与光学陀螺经纬仪相同，因此，以下主要介绍自动陀螺经纬仪的自动定向原理。

Gyromat2000

AGP1

图 6-9 自动化陀螺经纬仪

自动陀螺经纬仪目前的生产厂家很多，具有代表性的仪器是德国 WBK 的 Gyroma2000 和日本索加公司的 AGP1，如图 6-9 所示。下面以 Gyroma2000 为例，介绍全自动陀螺仪自动定向的基本原理（图 6-10）。Gyroma2000 陀螺经纬仪的自动定向主要依靠步进测量（概略寻北）和自动积分测量系统实现。步进测量的目的是减小陀螺在静态摆动下的摆幅，使摆动的信号处于光电检测元件的感光区内，同时在陀螺启动状态下也使摆动平衡位置最终接近于北方向。设某一时刻，悬挂带扭力零位与摆动逆转点重合，这时悬挂带不受扭，弹性位能为零。但因陀螺轴偏离北方向，在指北力矩的作用下，陀螺向北进动，陀

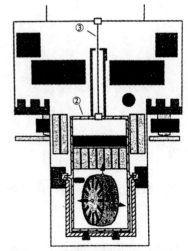

图 6-10 陀螺仪悬挂结构示意图
①陀螺马达；②灵敏部；③悬挂带

螺摆动半周期后达到另一个逆转点，由于扭力零位还在前一逆转点位置，因此这时悬挂带受扭，弹性位能最大而动能最小。此时通过伺服马达驱动使被平面轴系支撑的陀螺仪和经纬仪一起快速步进一步，使悬挂带零位步进到这一逆转点上，这时弹性位能又变为零，而这一新位置的指北位能的绝对值小于前一位置。经过几次步进后，陀螺的摆幅减小，使扭力零位最终逼近于北，此时就可以进行自动积分测量。

如图 6-11 所示，摆式陀螺仪的摆动平衡位置 R 和真北方向 N，以及悬挂带扭力矩零位之间存在一个确定的关系。设开始定向观测时，照准部偏离真北 α_N 角时，由于悬挂带反力矩的作用，使摆动平衡位置处于照准零位（参考反射镜法线）与真北 N 之间，即 R 方向。实质上，陀螺摆动的平衡位置是在悬挂带弹性扭力矩和陀螺指北力矩的共同作用下产生的，此时可得到一个力矩平衡方程

$$\alpha_K D_B = (\alpha_N - \alpha_K) D_K \qquad (6-5)$$

式中，α_K 为悬挂带扭力零位与陀螺摆动平衡位置之间的夹角；D_B 为悬挂带扭力矩系数；α_N 为悬挂带扭力零位与真北之间的夹角；D_K 为陀螺指北力矩系数。

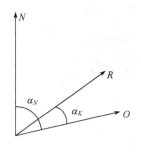 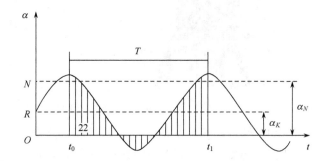

图 6-11　积分测量原理示意图

令力矩比例系数 K 为

$$K = \frac{D_B}{D_K} \qquad (6-6)$$

则有

$$\alpha_N = \alpha_K (1 + K) \qquad (6-7)$$

根据摆式陀螺运动的函数表达式有

$$\alpha(t) = \alpha_K + A \sin \frac{2\pi}{T} \cdot t \qquad (6-8)$$

可从任意时刻 t_0 起，对 $\alpha_{(t)}$ 进行一个周期（T）的积分，得

$$S=\int_{t_0}^{t_0+T}\left(\alpha_K+A\sin\frac{2\pi}{T}\cdot t\right)\mathrm{d}t=\alpha_K\cdot T \qquad (6\text{-}9)$$

则

$$\alpha_K=\frac{S}{T} \qquad (6\text{-}10)$$

考虑到悬挂带扭力零位的变化，以及基准镜法线和光电检测元件零位之间夹角的变化，仪器中设计了参考基准镜法线作为基准（相当于照准部的零刻划线），所有积分值都与它作比较。这样式（6-7）变为

$$\alpha_N=\left[\left(\alpha_K-\alpha_0\right)-\left(\alpha_B-\alpha_0\right)\right](1+K)+\left(\alpha_B-\alpha_0\right)$$

即

$$\alpha_N=\left(\alpha_K-\alpha_0\right)(1+K)-\left(\alpha_B-\alpha_0\right)K \qquad (6\text{-}11)$$

式中，α_B 为悬挂带扭力零位积分值，用角度表示；α_0 为基准镜法线和光电检测元件零位之间的夹角，也是参考基准镜法线方向的积分值，用角度表示；K 为力矩比例系数，$K=\dfrac{D_B}{D_K}$。

如果悬挂带扭力零位处于参考基准镜法线方向上，即 α_B 为零，当 α_0 也为零时，则式（6-11）可简化为式（6-7）。

6.5 自动导向技术

自动导向技术通常用于地下工程的施工测量，根据地下工程的特点，自动导向技术可分为两类：一类是静态导向测量，是指在直线隧道工程施工中，可以找到相对稳定的位置架设仪器，可进行全程导向工作。另一类是动态导向测量，是指在曲线隧道中进行全程导向测量，由于各点均处于移动和推进的状态，难以找到相对稳定的位置，给导向测量带来困难，只能按曲线放样的方法，分阶段架设仪器进行导向。

自动导向技术将有助于解决动态导向中的困难并提高地下工程动态、静态导向工作的速度、精度及可靠性，实现信息采集自动化，使数据处理和自动分析更完善，并将某些不准确的信息反馈，控制掘进机的纠偏，满足实时控制的要求，达到自动导向的目的。同时，本系统还可以应用于地下工程的长期安全监控，有利于地下工程构筑物的安全运行。

1. 自动导向系统的构成与工作原理

1）系统的构成

自动导向系统的构成如图 6-12 所示，主要由控制箱、自动全站仪和计算机

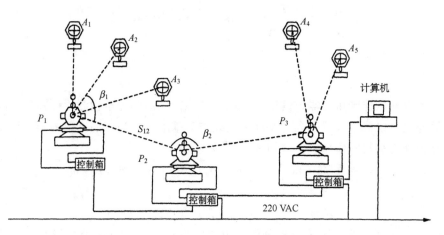

图 6-12　精密导向系统

组成。其基本结构和工作步骤如下：

（1）P_1 点为导向基点，随着掘进系统的推进，在沿线适当位置增设 P_2，P_3，…，P_n 控制点，并在各控制点架设自动全站仪（TCA2003），同时在仪器支架顶部的旋转中心设置有测距和自动照准所用的反射棱镜。

（2）A_1、A_2、A_3 为后视固定点，其坐标应达到国家等级点坐标精度要求。A_4、A_5 为掘进机头内设置的棱镜，通过自动定向系统可随时求得 A_4、A_5 的三维坐标，并获得机头横向和竖向的偏离信息，进而控制掘进机头的正确掘进方向。

（3）掘进机头内设有工业用计算机，用屏蔽防潮的电缆把自动全站仪采集的信息或控制全站仪自动工作的指令进行传输。计算机内设有专用软件，从而能实施自动测量、信息存储、数据处理、综合分析及自动导向反馈，并显示掘进机头工作状态以及施工的图形、图表等。

2）自动导向系统的工作原理

自动导向系统的工作原理如图 6-13 所示，图中虚线框内为控制自动全站仪信息采集部分。当计算机发出指令后，即进行 S_1 的控制内容，由工作基点 P_1 的仪器自动先后对准后视棱镜进行水平角观测，即为 $\angle A_1P_1A_2$，$\angle A_2P_1A_3$，并检验 P_1 的稳定性。接着观测 $P_1 \rightarrow P_2$ 方向的距离 S_{12} 和高度角 α_{12}，并求得转折角 β_1。随后执行 S_2 的控制内容，由 P_2 点的自动全站仪观测 P_1 和 P_3 点，获得 $P_2 \rightarrow P_1$，$P_2 \rightarrow P_3$ 方向的距离 S_{21}、S_{23}，高度角 α_{21}、α_{23}，并计算转折角 β_2、β_3，按此顺序直到最后一个控制点，并观测 A_4、A_5 棱镜。由 4 台全站仪构成的这种系统，完成一次测量需 10 分钟左右，根据实际工作需要，可设置重复测量指令

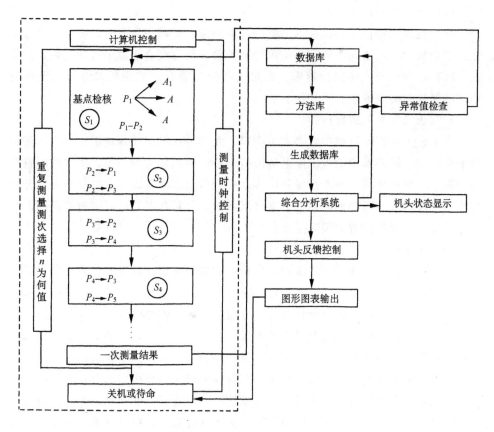

图 6-13　系统工作原理框图

控制重复测量次数，也可以每隔一定时间间隔进行连续测量。

　　测量结果及时存入数据库，并按测次、时间、测点存入相应的文件。各全站仪测量信息输入计算机后，自动按预置的步骤调用方法库中相应的程序处理（有控制网平差、后方交会、曲线拟合、三维导线、稳定性分析、掘进趋势分析等），并对测量结果自动进行观测值异常分析，若有显著粗差，则自动进入重测状态。

　　检验无粗差后，计算结果存入生成数据库。结合设计数据等，综合分析本施工段内的隧道中心情况和掘进机头现时的工作状态，并反馈到机头控制系统，调整掘进的方向及高程。并可由打印机或屏幕显示出机头的工作状态和隧道掘进的中心线轨迹，以及机头位置与中心线的三维坐标偏移量等，真正达到精密导向的目的。

　　3）综合分析系统

　　综合分析系统是实施智能化精密导向的组成部分，主要有三个方面的内容。

（1）异常值的自动检验。

此项检验主要包括导线往返测量的差值判定；在静态导向时，各期固定点坐标的变化量及各点之间距离和方位角等的检验；后方交会点稳定性的检验；测距三角高程对向观测差值的检验等。通过这些检验能有效发现粗差并进行及时处理，确保导向的准确性和可靠性。

（2）稳定性和可靠性检验。

由于岩土在施工过程中常会发生变形，尤其是在淤泥质的地下工程中，变形量十分明显。局部地段的大沉降量和因挤压后产生的较大偏离量，将严重影响工程的安全。智能化精密导向系统利用多期观测信息，对各固定点处具有自动分析功能，可及时求出局部地段预期的最终沉降值，分析此沉降量对附近管段的影响并作出安全评价和相应的预防措施。

（3）纠偏量的分析。

地下工程掘进过程中，机头的纠偏量不能单独由坐标计算的偏差确定，必须综合考虑，既顾及土质的情况和特点、施工方法和工艺，又要考虑已完成的施工段的变形情况、地层土力学特性并结合一定的实际工作经验等进行综合分析，方可确定。平直段在平面和竖直面内的大起大落是不允许的，每节管段的最大调节量施工规范都有明确规定，在较大偏移量的纠正时，应以多个管节调整为佳，确保以后整个的运行安全。此外，由于局部软弱地层在运行中增加负荷而使某些分段下沉加剧，会对安全产生影响，在这些地段，竖直面内必须预留一定数值的沉降抵消量。在这样复杂多变形的情况下，必须通过综合、系统分析后，才能给出确切可靠的纠偏量。

2. 误差分析及相应的措施

1）导向系统精密导向的精度

导向系统的导向精度与所采用的全站仪的精度有关。若采用 TCA2003 自动全站仪为测量元件，其测角中误差为 $\pm 0.5''$，测距精度为 $\pm$（1mm$+1\times10^{-6}$ D），能达到精密导向的精度要求。

对于平面定位，由导线精度估算公式可知，四台仪器布设的自动导向系统，若以等边直伸导线计算，则最远点 P_5 的点位横向中误差为

$$m_x = \pm\sqrt{[S]^2 \cdot \left[\frac{m_\beta^2}{\rho}\right]\frac{(n+1.5)}{3}} \tag{6-12}$$

取 $S=1$km，$m_\beta=\pm 0.5''$，$n=4$，则由式（6-12）可得 $m_x=\pm 3.28$mm，若取两次测量的平均值，则 $\overline{m}_x=\pm 2.32$mm。

对于竖直方向定位，按对向观测三角高程精度估算公式估算，且不计仪器高

和目标高的测定误差，则一个测段（250m）的高差测定中误差为

$$m_h = \pm \frac{1}{\sqrt{2}} \sqrt{(\tan\alpha \cdot m_D)^2 + \frac{D^2 \cdot m_a^2}{\rho^2} \cdot \sec^4\alpha} \qquad (6\text{-}13)$$

若取 $\alpha = 5°$，$m_a = \pm1.''0$，$D = 250\text{m}$，$m_D = 1.2\text{mm}$，由式（6-13）可得 $m_h = \pm0.87\text{mm}$，当进行 2km 高程传递时，$m_h = \pm2.46\text{mm}$，可达到很高的精度。

在隧道内进行三角高程传递，若不考虑特殊的地质环境，则水平方向的温度梯度不大。而在竖直面内，由于大气位温的作用，垂直方向温度梯度比较大，会对三角高程带来一定的影响。

在短距离和相对均匀稳定的温度梯度场中，两测点基本位于同一水平面内，利用同时对向观测取平均值，可取得较好的结果。以 P_1 和 P_2 点为例，同时对向观测，则高差平均值为

$$\overline{\Delta h_{12}} = \frac{1}{2}\left[D_{12}(\tan\alpha_{12} - \tan\alpha_{21}) + (i_1 - i_2) - (v_1 - v_2)\right] \qquad (6\text{-}14)$$

由式（6-14）可见，同时对向观测取平均值能较好地克服隧道内大气折光对三角高程的影响。

2）提高精度的措施

（1）自动全站仪应采用能自动置平的强制对中基座，确保观测中的竖轴误差极小。

（2）加强设备的检核，在工作前应检查棱镜中心，保证其严格位于竖轴线上。测距仪常数容易受隧道环境条件的影响，可能会发生变化，因此，在工作阶段应按规范要求经常检验。

（3）为了保证测量信息传输的可靠性，系统不宜采用无线电信号传输方式，而应采用防潮和屏蔽的电缆及高性能防潮的信号控制箱等构成信号控制系统，达到远距离、高效率的传输要求。

（4）隧道内高程严格采用三角高程同时对向观测取平均值的方法，能有效减少隧道内竖直方向大气折光和地球曲率对三角高程的影响。

习题与思考题

1. 直线定向要解决哪两个问题？如何解决？
2. 标准方位角一般指什么方位角？
3. 简述三种标准方位角之间的几何关系。
4. 概述激光经纬仪的定向方法。
5. 概述激光铅垂仪的定向方法。
6. 试述全自动陀螺经纬仪的结构和定向方法。
7. 简述自动导向系统的结构与基本工作原理。

第7章 精密定位测量

7.1 概　　述

定位是测量的主要工作，包括大地测量、海上测量、摄影测量、遥感测量、工程测量及卫星定位等。对地面测量来说，从控制测量到碎部测量都是定位测量。定位测量也可分为测定和定测两部分。测定是测量空间任意一点在特定坐标系中的坐标；定测是将设计的物体（或放样的对象）坐标，按照同样的坐标系投放（或标定）到实地去。按定位的对象和测量的工作内容，定位可分为一般测量定位和工程定位；按其定位内容有点位的平面定位、高程定位和三维定位。按其精度要求又分为一般定位和精密定位。精密定位是精密工程测量的主要内容之一。精密定位与常规定位有共同之处，也有不同之处。概括起来精密定位有以下特点：

（1）精密定位是为精密工程服务的，确保工程设备的安装定位和运营过程中的安全监测。

（2）定位精度高，一般为毫米级、亚毫米级，甚至更高。

（3）测量环境比较特殊，条件比较差。如正负电子对撞机定位在地下，核电精密测量在反应堆内部，特大桥墩定位在水上。前面两项测量可能有烟尘、气流、机械振动等影响。水上定位可能会有大风、大浪的影响。要善于选择最优的观测环境和观测时段。

（4）定位均需采用高性能、高精度、现代化的测量仪器。

（5）对测量人员要求比较高，不但要有先进的技术和丰富的工作经验，而且还要有较强的责任心和事业心，工作认真负责，以提高作业精度，减少人为因素的影响。

目前定位的方法很多，主要有直角坐标法、极坐标法、角度交会法、距离交会法、距离角度混合交会法、全站仪坐标法、GPS 定位、激光跟踪仪定位、激光扫描仪定位及工业测量系统定位等。这些方法各有特色，所采用的仪器、定位方法、观测环境和作业条件及精度都有所不同。精密定位是为精密工程服务的，应根据工程的特点和精度要求选择合适的定位方法。这里主要介绍点的平面定位。

7.2　点的平面定位

点的平面定位的方法有极坐标法、直角坐标法、角度交会法、距离交会法、距离角度混合交会法、全站仪坐标法定位等。根据精密定位的精度要求，这里仅介绍极坐标法、角度交会法和全站仪坐标定位法。

7.2.1　极坐标法

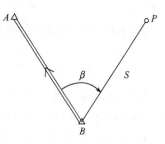

极坐标法是根据点位之间的水平距离和角度关系，测定地面点平面位置（坐标）的方法。如图 7-1 所示，A、B 点为已知点，P 为设计的待定点。已知 BP 的水平距离和水平角 $\angle ABP = \beta$，极坐标法是在 B 点设置仪器，以 A 点为后视点，用正倒镜的方法测定 β，测定 BP 方向，并在此方向

图 7-1　极坐标测量

上用全站仪测定水平距离 S，确定 P 点的位置。P 的坐标可用下式计算：

$$\left.\begin{array}{l} x_P = x_B + S \cdot \cos\ (\alpha_{AB} + \beta) \\ y_P = y_B + S \cdot \sin\ (\alpha_{AB} + \beta) \end{array}\right\} \tag{7-1}$$

不计已知点误差，按误差传播定律中误差为

$$\left.\begin{array}{l} m_{xP}^2 = \cos^2\ (\alpha_{AB} + \beta)\ \cdot m^2 + S^2 \sin^2\ (\alpha_{AB} + \beta)\ \cdot \left(\dfrac{m_\beta}{\rho}\right)^2 \\[3mm] m_{yP}^2 = \sin^2\ (\alpha_{AB} + \beta)\ \cdot m^2 + S^2 \cos^2\ (\alpha_{AB} + \beta)\ \left(\dfrac{m_\beta}{\rho}\right)^2 \end{array}\right\} \tag{7-2}$$

$$m_P^2 = m_S^2 + S^2 \left(\dfrac{m_\beta}{\rho}\right)^2 \tag{7-3}$$

由式（7-3）可知，待定点 P 的点位中误差与测距和测角精度以及 BP 的平距有关。式（7-3）还可用下式表示：

$$m_P^2 = S^2 \left[\left(\dfrac{m_S}{S}\right)^2 + \left(\dfrac{m_\beta}{\rho}\right)^2\right] \tag{7-4}$$

为了进一步讨论，设式中的 $\dfrac{m_S}{S} = \dfrac{m_\beta}{\rho}$，则有

$$m_P^2 = 2S^2 \left(\dfrac{m_S}{S}\right)^2 = 2S^2\ \dfrac{m_\beta}{S}^2 \tag{7-5}$$

$$\left.\begin{array}{l} m_\beta = \pm \rho \sqrt{\dfrac{m_P}{2 \cdot S^2}} \\[4mm] m_S = \pm S \sqrt{\dfrac{m_P}{2 \cdot S^2}} \end{array}\right\} \tag{7-6}$$

假设 $m_P = 1\text{mm}$，并分析计算测角中误差、测距中误差与距离 S 的关系。当 $BP = S = 100\text{m}$ 时，代入式（7-6）可得

$$m_\beta = \pm 1''.46$$

$$m_S = \pm 0.707\text{mm}$$

当 $BP = S = 300\text{m}$ 时，同理可得

$$m_\beta = \pm 0''.236$$

$$m_S = \pm 0.707\text{mm}$$

当 $BP = S = 1000\text{m}$ 时，同理可得

$$m_\beta = \pm 0''.021$$

$$m_S = \pm 0.707\text{mm}$$

从不同的距离采用极坐标定位，定位精度设为 $\pm 1\text{mm}$，测距中误差应达到 0.707mm，显然精密定位不但要使用如 TC2003 的高精度全站仪，而且还要取多测回的平均值，作为最终的标定距离，才能达到精度要求。测角中误差随着标定距离的增大而要求越高。当标定距离为 1000m，点位精度 $m_P = \pm 1\text{mm}$ 时，测角中误差要求 $m_\beta = \pm 0''.021$，实际上这种精度很难达到。极坐标法精密定位在 100m 之内比较适宜，测角中误差 $m_\beta = \pm 1''.46$ 还比较容易实现。若距离大了，测角精度不可能达到要求。采用极坐标精密定位时，除了采用高精度的全站仪（TC2003）外，还要严格对中和精密照准，防止偏心误差的影响。同时要选择良好的大气条件和观测时段，已知点选择时，尽可能使视线避开旁折光的影响。此外，已知点和待定点的高差不宜太大，否则也会影响极坐标法定位的精度。

7.2.2　角度交会法

角度交会法也称方向交会法，这种方法不直接测量距离而采用角度交会，包括前方交会、后方交会和侧方交会。根据精密工程测量的特点，通常是在已知点上标定待定（设计）点，所以适用前方交会。

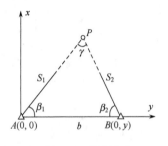

图 7-2　前方交会

前方交会如图 7-2 所示，A、B 为已知点，P 为待定点，先根据 A、B、P 坐标分别求出 AB 方位角 α_{AB}、AP 方位角 α_{AP}、BP 方位角 α_{BP}，接着可算出标定角 β_1 和 β_2。分别在 A、B 两点架设仪器，用正倒镜法精确测定 β_1 和 β_2 角，AP 与 BP 两条方向线的交点，就是待定点 P。待 P 点确定后，再观测 β_1 和 β_2，以作检核用，如有偏差应及时纠正。P 点的坐标可用下式计算：

$$x_P = x_A + S_1 \cos\alpha_1$$
$$y_P = y_A + S_1 \sin\alpha_1$$

$$(7\text{-}7)$$

式中

$$\alpha_1 = \alpha_{AB} - \beta_1$$

在△ABP 中

$$S_1 = \frac{b \cdot \sin\beta_2}{\sin\gamma}$$
$$S_2 = \frac{b \cdot \sin\beta_1}{\sin\gamma}$$

$$(7\text{-}8)$$

式中

$$\gamma = 180° - \beta_1 - \beta_2$$

将式（7-8）代入式（7-7），按误差传播定律可得

$$m_x^2 = \frac{m_\beta^2}{\rho^2 \cdot \sin^2\gamma}\ (S_1^2 \cdot \cos^2\alpha_2 + S_2^2 \cdot \cos^2\alpha_1)$$
$$m_b^2 = \frac{m_\beta^2}{\rho^2 \cdot \sin^2\gamma}\ (S_1^2 \cdot \sin^2\alpha_1 + S_2^2 \cdot \sin^2\alpha_1)$$

$$(7\text{-}9)$$

则

$$m_P^2 = m_x^2 + m_y^2 = \frac{m_\beta^2}{\rho^2 \cdot \sin^2\gamma}\ (S_1^2 + S_2^2)$$

$$(7\text{-}10)$$

将式（7-8）代入上式并整理得

$$m_P = \frac{b \cdot m_\beta}{\rho \cdot \sin^2\gamma}\sqrt{\sin^2\beta_1 + \sin^2\beta_2}$$

$$(7\text{-}11)$$

由上式可见，标定点位精度与已知边长 b 和标定角 β_1、β_2 有关，假设 $\beta_1 = 50°$，$\beta_2 = 60°$，测角中误差 $m_\beta = \pm1''.5$，当 $b = 60\text{m}$ 时，则 $m_P = 0.57\text{mm}$，当 $b = 100\text{m}$ 时，则 $m_P = 0.95\text{mm}$。

由此可见，标定点中误差与已知边 b 长度成正比，因此，精密定位时，前方交会的已知边 b 不宜太长。

为探讨测角中误差 m_β 对定位精度的影响，将式（7-11）经转变整理得

$$m_\beta = \pm\frac{m_P \cdot \sin^2\gamma \cdot \rho}{b \cdot \sqrt{\sin^2\beta + \sin^2\beta}}$$

$$(7\text{-}12)$$

设 $\beta_1 = 65°$，$\beta_2 = 70°$，当取 $b = 60\text{m}$ 时，由上式可得

$$m_\beta = \pm1''.3$$

当取 $b = 100\text{m}$ 时，其他同上，则

$$m_\beta = \pm0''.79$$

由以上可知，当定位点的精度 $m_P \leqslant \pm 1\text{mm}$ 时，距离越长测角精度越高。前方交会主要应用于测角，精密定位时，测角仪器至少取精度 $1''$ 的秒级仪器，最好采用 $0''.5$ 的 TC2003 全站仪。同时已知边应控制 100m 之内，才能达到精密定位的要求。

7.2.3　全站仪坐标法定位

全站仪的坐标法定位即利用已知点和待定点（设计点）的坐标，以全站仪的技术进行定位（或点位放样）。此法应用全站仪测量技术，先测量初估点位，把直接测得的点位坐标与设计点坐标比较，若二者相等，测定的初估点位就是要测设的点位；若二者不相等，则使用全站仪继续测量，直至相等为止。全站仪坐标法定位根据测量方法的不同分为直角坐标增量法、极坐标增量法和偏距法等。由于全站仪测距、测角精度很高，此法完全符合精密定位的要求。

1. 直角坐标增量法

如图 7-3 所示，A、B 为已知点，P 点为待定点，在 A 点设全站仪，B 点是起始方向，一个测站的具体步骤如下：

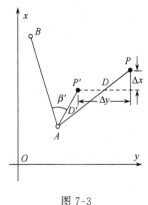

图 7-3

（1）测设前，先将 A、B、P 的坐标等参数输入全站仪。测设开始，将反射镜初立于 P' 点位上。

（2）测设时，全站仪精密瞄准反射棱镜进行测量，并根据测量的水平角 β' 和水平距离 D'，计算 P' 点的坐标 x_P'、y_P'。同时与 P 点的设计坐标 x_P、y_P 进行比较，显示器显示坐标增量（或称坐标差值）Δx、Δy。

（3）全站仪根据 Δx、Δy 指挥移动反射棱镜，并连续跟踪测量，直至 $\Delta x = 0$，$\Delta y = 0$，此时，反射棱镜所在的点位就是设计的点位 P。

（4）最后在地面上标出 P 点的标志。必要时，还可以继续测量 P 点的坐标检核，达到精密定位的目的。

2. 极坐标增量法

极坐标增量法的测设原理是将上述的直角坐标增量 Δx、Δy 转化为极坐标增量 $\Delta \beta$、ΔS，如图 7-4 所示。由图可见

$$\Delta \beta = \beta' - \beta \qquad\qquad (7\text{-}13)$$

$$\Delta S = D' - D \qquad\qquad (7\text{-}14)$$

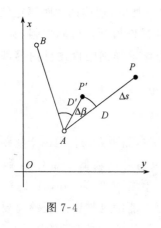

图 7-4

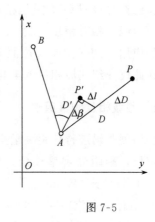

图 7-5

观测方法与直角坐标法相似，具体如下：

（1）在 A 点设置仪器，在测前，将 A、B、P 的坐标参数输入全站仪，测设开始将反射棱镜初立在 P′ 点位上。

（2）测设时，全站仪精确瞄准反射棱镜，测量 P′ 的水平角 β′ 和水平距离 D′，并与设计的水平角 β 和距离 D 进行比较，得

$$\Delta\beta=\beta'-\beta, \qquad \Delta S=D'-D$$

（3）全站仪根据 $\Delta\beta$、ΔS 指挥移动反射棱镜，并连续跟踪测量，直至 $\Delta\beta=0$，$\Delta S=0$。此时，反射棱镜所在的位置就是设计点 P 的位置。

（4）最后在实地标出 P 点的标志，已达到定位的目的。

3. 偏距法

偏距法的测设原理是将上述的 $\Delta\beta$、ΔS 转换为偏距 ΔL、ΔD，如图 7-5 所示。由图可知

$$\Delta L=D' \cdot \tan\Delta\beta \tag{7-15}$$

$$\Delta D=\frac{D'}{\cos\Delta\beta}-D \tag{7-16}$$

测设过程与上述方法相同，全站仪根据 ΔL、ΔD 调整反射棱镜移动并连续跟踪测量，使 $\Delta L=0$，$\Delta D=0$。最后在地面上标出 P 点的标志。

7.3　GPS 精密定位

前面所述的各种定位方法都属于短距离、小范围的定位，而 GPS 定位通常用于较长距离的定位，如大型隧道贯通工程的控制点和大型桥墩的定位等。大量

的试验已充分表明 GPS 卫星相对定位的精度很高，15km 以内的短距离定位精度可达厘米级，相对精度可达 10^{-7} 甚至更高，而且操作简便，可靠性强，已得到广泛的应用。GPS 卫星定位原理许多教科书中都作了详细的论述且内容都很全面，在此仅介绍载波相位测量与相对定位。

7.3.1　载波相位测量原理

利用测距码进行伪距测量是全球定位系统的基本测距方法。但由于测距码的码元较长，测距分辨率较低，导致伪随机码定位精度已较低。如 C/A 码码长 293m，P 码码长 29.3m，测量精度为 1/100 时，伪距精度为 3m，P 码精度为 0.3m，这样的定位精度很难满足工程的需要，更不能满足精密工程的需要。在 GPS 卫星所发布的信号中，载波也可用于测距，由于载波的波长较短，L_1 载波 $\lambda_1 = 19\text{cm}$，$\lambda_2 = 24\text{cm}$，按测量精度 1/100 计算，载波相位测量精度可达 $1 \sim 2\text{mm}$，甚至更高。但由于载波信号是一种周期性的正弦信号，而相位测量又只能测定其不足一个周期的小数部分，因而存在着周期数不确定问题，使载波相位的解算过程比较复杂。

载波相位测量是测定 GPS 载波信号在传播路程上的相位变化值，以确定信号传播的距离。由于在 GPS 信号中，已用相应调制的方法在载波上调制了测距码和导航电文，因此在载波相位测量之前，首先要进行解调，将调制在载波上的测距信号和导航电文去掉，重新获得载波，这一工作称为重建载波。GPS 接收机将卫星重建载波与接收机内由振荡器产生的本振信号通过相位计比相，即可得到相位差。

如图 7-6 所示，设卫星在 t_0 时刻发射载波信号，其相位为 φ（S）。若接收机

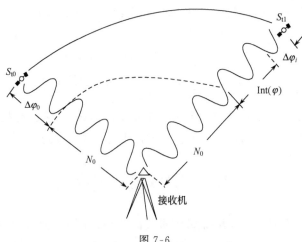

图 7-6

产生一个频率和初相位与卫星载波信号完全一致的基准信号，在 t_0 时刻的相位为 $\varphi(R)$。对卫星载波与接收机基准信号进行相位测量，则可得到卫星到接收机天线间的距离为

$$D = \lambda \left[\varphi(R) - \varphi(S) \right] / 2\pi = \lambda \frac{N_0 + \Delta\varphi}{2\pi} \qquad (7-17)$$

式中，λ 为载波波长；N_0 为整周数（未知）；$\Delta\varphi$ 为不足一周的相位值。

由于载波是余弦波，在载波相位测量中，接收机只能测定不足一周的相位 $\Delta\varphi$，而无法测定载波的整周数 N_0，故 N_0 又称为整周模糊度。设接收机在 t_0 时刻锁定卫星后，对卫星进行连续的跟踪观测，此时利用接收机内含的整波计数器可记录从 t_0 到 t_i 时间内的整周数变化量 $\mathrm{Int}(\varphi)$。在此期间内只要卫星信号不失锁，则初始时刻整周模糊度 N_0 就是一个常数，这样，在 t_i 时刻卫星到接收机的相位差为

$$\varphi(t_i) = N_0 + \mathrm{Int}(\varphi) + \Delta\varphi(t_i) \qquad (7-18)$$

设 $\varphi'(t_i) = \mathrm{Int}(\varphi) + \Delta\varphi(t_i)$，则上式可写为

$$\varphi(t_i) = N_0 + \varphi'(t_i) \qquad (7-19)$$

或

$$\varphi'(t_i) = \varphi(t_i) - N_0 \qquad (7-20)$$

$\varphi'(t_i)$ 是载波相位测量的实际观测值，其关系如图 7-6 所示。与伪距测量相同，在考虑到卫星钟差改正、接收机钟差改正、电离层延迟改正和对流层的折射改正后，即可得到载波相位测量的观测方程为

$$\varphi'(t_i) = (D - \delta D_1 - \delta D_2) f/c - f\delta_{pt} - N_0 \qquad (7-21)$$

将式（7-21）两边同乘以载波波长 $\lambda = \dfrac{c}{f}$，并简单整理可得

$$D = D' + \delta D_1 + \delta D_2 + c\delta_{pt} - c\delta_{st} + \lambda N_0 \qquad (7-22)$$

将式（7-22）与星站之间真正的几何距 D 与所测伪距 D' 的关系公式相比，可以明显发现，载波相位测量观测方程中，除了增加一次整周未知数 N_0 外，在形式上与伪距测量的观测方程完全一样。

整周未知数 N_0 的确定是载波相位测量中特有的问题。对于 GPS 载波相位测量而言，一个整周数的误差，将会引起 20cm 左右的距离误差。因此，要利用载波相位测量进行精密定位，如何准确地确定整周未知数 N_0 是一个关键性的问题。其具体处理此处不做详述，请参阅有关书籍。

7.3.2　载波相位测量的相对定位

载波相位测量的相对定位即用两台 GPS 接收机分别安置在基线的两端，同步观测相同的卫星，以确定基线端点的相对位置或基线向量，当其中一个端点坐

标已知，则可推算另一个待定点的坐标。载波相位的相对定位普遍采用观测值线性组合的方法，具体有单差法、双差法和三差法。

1）单差法

如图 7-7 所示，单差法是将在两个不同测站（T_1、T_2）同步观测相同卫星 S_i 所得到的相位观测值 φ_1、φ_2 求差，这种求差法称为站间单差。站间单差可以消除卫星钟误差影响。当 T_1、T_2 两测站距离较近时，两测站电离层和对流层延迟的相关性较强，通过单差法可以消除这些误差影响，可有效提高相对定位精度。

2）双差法

如图 7-8 所示，双差法是在不同测站同步观测一组卫星所得到的单差之差。这种方法又称为站间星间差。双差法可以消除两个测站接收机相对钟差的影响。经过双差处理后可大大减少各种系统误差，提高定位精度，因此在 GPS 相对定位中一般采用双差法作为基线解算的基本方法。

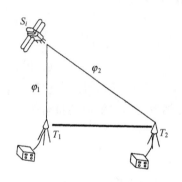

图 7-7　单差法

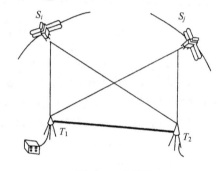

图 7-8　双差法

为了提高相对定位精度，同步观测时间比较长。同步观测时间与基线长度、使用仪器类型（单频机还是双频机）及解算方法有关。目前在短基线上（<15km)使用双频机，采用快速处理软件，野外每个测站同步观测时间只需 15 分钟即可达到 $\pm$（5mm$+1\times10^{-6}D$）的精度。在双差法解算中重要的是要将整周模糊度求准。理论上整周模糊度是个整数，但由于测量噪声的存在，整周模糊度有时不为整数。当误差小于 0.2 周时可以取整数，此时坐标增量解为整数解。当测量距离超过 30km 时，受各种误差影响，整周模糊度准确测定较困难，常采用浮点解。

3）三差法

三差法是对不同历元（t 和 $t+1$ 时刻）同步观测同一组卫星所得观测值的双差之差。如图 7-9 所示，在跟踪观测中，由于测站对于各个卫星的整周模糊度

N_0 是不变的，所以经过站间、星间、历元之间三差后就消去了整周模糊度差。三差方程中只剩下基线坐标增量，其求定的坐标增量为三差解。由于三差模型中将观测方程三次求差，方程个数大大减少，这对未知数解会产生不良影响，因此实际定位工作中都采用双差法进行解算。

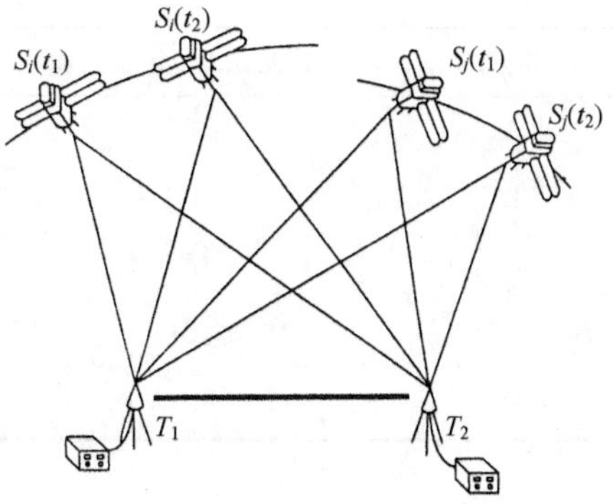

图 7-9　三差法

7.3.3　GPS 定位测量的实施

GPS 定位测量按其工作性质可分为外业工作和内业工作两大部分。外业工作主要包括选点、建立标志、野外观测等。内业工作主要包括 GPS 控制网技术设计、数据处理和技术总结等。

1. GPS 控制网技术设计

GPS 控制网技术设计是 GPS 定位测量的基础，它依据国家有关规范、GPS 网的用途、自然条件和工程的具体要求进行，其主要内容包括精度指标的确定、网形设计和外业观测的技术要求等。

1）GPS 定位测量精度指标

GPS 定位测量的精度指标通常以网中相邻点间的距离中误差来表示，其形式为

$$m_d = \pm\sqrt{a^2 + b \times 10^{-6} d} \tag{7-23}$$

式中，m_d 为测距中误差（mm）；a 为固定误差（mm）；b 为比例误差；d 为两点间的距离（km）。

国家测绘局 1992 年颁布的《全球定位系统（GPS）测量规范》将 GPS 控制网分为 A、B、C、D、E 五级，各级控制网的精度指标如表 7-1 所示，其 A、B 两级为国家 GPS 控制网，C、D、E 三级网是针对局部性 GPS 网规定的。此外各部委根据本部门 GPS 工作的实际情况也制定了相应的 GPS 规程或细则。

由于精度指标的大小将直接影响 GPS 网的布设方案与 GPS 作业模式，因此，在设计中应根据工程的实际需要及设备条件慎重确定。控制网可分级布设，也可越级布设或布设同级全面网。

表 7-1　GPS 相对定位的精度指标

级别	固定误差 a/mm	比例误差 b（$\times 10^{-6}$）	相邻点距离/km
A	≤5	≤0.1	100～2000
B	≤8	≤1	15～250
C	≤10	≤5	5～40
D	≤10	≤10	2～15
E	≤10	≤20	1～10

2）网形设计

由于 GPS 观测不要求点间通视并不受角度大小的限制，因此网形设计具有极大的灵活性。GPS 网的网形设计主要考虑网的用途、用户的要求、时间、人力及后勤保障条件等，同时还要考虑投入使用的接收机类型和数量等条件。

根据用途不同，GPS 网的基本结构形式有点连式、边连式、网连式和边点混合连接四种。

（1）点连式。如图 7-10（a）所示，是指相邻的同步图形（即多台接收机同步和观测卫星所获基线构成的闭合图形，又称同步网）之间仅用一个公共点连接。这种方式所构成的图形几何强度很弱，一般不单独使用。

（2）边连式。如图 7-10（b）所示，是指相邻同步图形之间由一条公共基线连接。这种布网方案复测边较多，网的几何强度较高。非同步图形的观测基线可以组成异步观测环（或称异步环），异步环常用于检查观测成果的质量。边连式的可靠性优于点连式。

（3）网连式。是指相邻同步图形之间由两个以上的公共点连接。这种方案要求 4 台以上的接收机同步观测。它的几何强度和可靠性更高，但所需的经费和时间更多，一般用于高精度的控制网。

（4）点边混合连接式。如图 7-10（c）所示，是指将点连式和边连式有机结合起来组成的 GPS 网，它是在点连式基础上加测四个时段，把边连式与点连式结合起来而得。这种方式既能保证网形的几何强度，提高网的可靠性，又能减少外业工作量，降低成本，是一种较理想的布设方式。

2. 选点与建立标志

由于 GPS 测量不要求测站之间相互通视，而且网的网形结构比较灵活，故选点工作比常规的三角网、导线网、测边网简单方便。但 GPS 测量又有其自身的特点，因此选点时应满足以下要求：点位选在交通方便、易于安置仪器的地

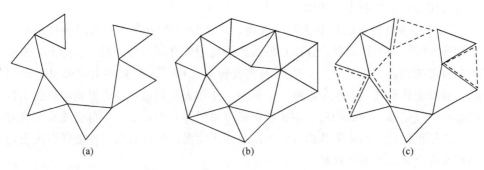

(a)　　　　　　　　　　　(b)　　　　　　　　　　　(c)

图 7-10　GPS 网的布设方式

方，点位应有良好的卫星窗口，要求视野开阔，高度角 15°以上，无障碍物。同时，点位选择应顾及周围的环境和观测条件，避开或远离大功率无线电发射源，如电视台、微波站、高压输电线等。为了防止多经误差的影响，应尽量避免大面积水域、大金属物体和各种反射体等。

点位选定后，按要求埋设标石，点绘制点之记。国家级重大工程和精密工程，点位应设置观测墩或强制归心装置。

3. 外业观测

GPS 外业观测工作主要包括天线安置、观测作业和记录等，下面分别进行介绍。

1) 天线安置

天线的精确安置是实现精密定位的前提条件之一，天线安置应符合下列要求：

(1) 一般情况下，天线应利用三脚架安置并精确对中或安置在强制归心的观测墩上。

(2) 需在觇标的基础上安置天线时，为防止对信号的干扰，应将觇标顶部拆除，并将标志中心投影到基板上，依投影点安置天线。

(3) 天线定向标志线应指向正北，并顾及当地磁偏角的影响，定向误差不大于±5°。

(4) 天线底板上的圆水准气泡必须居中。

(5) 量取天线高。天线高是指天线的相位中心至观测点标志中心的垂直距离。

2) 观测作业

观测作业的主要任务是捕获 GPS 卫星信号并对其进行跟踪、接收和处理，以获得所需的定位和观测数据。

GPS 接收机操作的自动化程度很高，具体的操作步骤和方法因接收机的类型和作业模式的不同而异，在随机的操作手册中都有详细的介绍。实际上，作业人员仅需按动若干功能键，即能顺利完成测量工作。观测数据由接收机自动完成，并以文件形式保存在接收机存储器中，作业人员只需定期查看接收机的工作状态并做好记录。在观测过程中接收机不得关闭并重新启动；不得更改有关设置参数；不得磁动天线或阻挡信号；不准改变天线高。经检查所有作业项目按规定完成并符合要求后方可迁站。

3）观测记录

观测记录形式一般有两种：一种是 GPS 接收机自动形成，并记录在其存储介质（如磁卡或记忆卡等）上，主要包括 GPS 卫星星历和卫星钟参数、观测历元及伪距和载波相位观测值、实时绝对定位结果、测站控制信息及接收机工作状态信息等。另一种是测量手簿，由观测人员填写，主要包括天线高、气象元素、观测人员、使用仪器和作业时间等。

4. 成果检核与数据处理

外业观测后应对观测成果进行检验，这是确保外业观测质量和实现预期定位精度的重要环节。成果检核应按《全球定位系统（GPS）测量规范》要求严格检查、分析，以便及时发现不合格成果，并根据实际情况采取重测或补测措施。

成果检核无误后，即可进行内业数据处理。内业数据处理大体分为：预处理、平差计算、坐标系统转换或与已有地面网的联合平差。在实际工作中，一般都借助计算机的相关软件完成数据处理工作。

7.4　GPS 定位测量的主要误差

GPS 定位测量通过 GPS 接收机接收卫星传递的信息来确定测站的位置（坐标）。因此，GPS 定位测量结果的主要误差来自卫星、卫星信号传播过程、接收机与地球自转及观测误差等。下面主要介绍与卫星有关的误差、信号传播误差和观测误差，以及消除或削弱这些误差所采取的措施。

7.4.1　与卫星有关的误差

1）卫星钟差

尽管卫星采用的是原子钟，但与 GPS 标准时之间仍有偏差和漂移，并随着时间的推移，这些偏差和漂移还会发生变化。GPS 定位都是以精密测时为依据，显然卫星钟差会对载波相位测量产生误差。GPS 定位系统通过地面控制站可测试出卫星的钟差，用二次式模拟其变化，然后通过导航电文向用户发布。经过二次模拟改正后的卫星钟差可达 20ns，其引起的等效偏差不超过 6m，运用站际间差分，可进一步消除卫星的残余钟差。

2）卫星星历误差

卫星星历误差是指卫星广播星历提供的卫星位置与卫星实际位置之差。在美国推行 SA 政策之前，广播星历精度为 25m，推行 SA 政策之后精度降为 100m。如果采用站际间差分技术，可消除卫星星历误差影响，相对定位精度可达（1～2）×10^{-6}。

7.4.2 信号传播误差

1）电离层折射影响

电离层是地面上空 70km 向上直到大气层顶部，由于太阳的作用，使大气中的分子发生电离。GPS 信号通过电离层时，因大气折射使其路径发生弯曲，传播速度也发生变化，使信号传播到接收机时间产生延迟，从而对距离产生误差，因此称为电离层折射误差。电离层折射误差对载波相位测量的影响与对伪距测量的影响大小基本相等而符号相反。电离层折射误差影响最大可达 150m（高度角为 20°），最小为 50m（天顶方向）。对于电离层折射影响，可通过以下途径解决。

（1）利用导航电文中提供的电离层改正模型加以改正，一般用于单频接收机，可减少电离层延迟影响 75%。

（2）利用双频接收机观测，可减少电离层延达，经双频观测值改正后，伪距残差为厘米级。

（3）用两个观测站同步观测求差，当两台 GPS 接收机相距不太远时，由于卫星到两个测站电磁波传播路径很相似，通过求差，可以削弱电离层延迟影响。如两点间距 10km 以内，求差后测站基线长度残差为 1×10^{-6}。

2）对流层折射影响

从地面向上 40km 为对流层，大气层中质量的 99% 都集中在对流层，其电子密度相对较大，对电磁波传播会产生一定影响。对流层的大气折射率与大气压力、温度和湿度有关。电磁波传播的速度与大气折射率有关，还与传播方向有关，在天顶方向延迟可达 2.3m，在高度角 20° 时可达 20m。减少对流层折射对电磁波延迟影响的方法有：

（1）利用对流层模型改正，可减少对流层对电磁波延迟达的 92%～93%。

（2）利用基线两端同步观测求差，可以更好地减弱大气折射和影响。

3）多路径效应影响

多路径效应是指 GPS 在观测过程中，接收机天线除直接收到卫星发射的信号外，还可能收到经天线周围地物或水面反射的信号，如图 7-11 所示。两种信号叠加作为观测量，会直接产生定位误差。在一般情况下，对测相伪距观测值的影响达厘米级，在高反射环境下，多路径效应影响更为显著，常使卫星信号产生失锁或周跳。因此应特别注意接收机天线的周围环境，应尽量避开强反射物，如大面积水面、平坦光滑地面和平整的建筑物等。

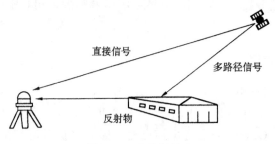

图 7-11　多路径效应

7.4.3　接收机误差

1）接收机钟差

GPS 接收机内时标采用石英晶体振荡器，一般多使用温补电路，其稳定度可达 $(1\sim5)\times10^{-5}$。若要求更高的精度，可采用恒温振荡器，精度可达 0.5×10^{-9}，但耗电量大。若接收机钟差为 $1\mu s$，则由此引起的等效距离误差为 $300m$。在载波相对定位时，采用观测值求差（星间单差、星站间双差）的方法，可有效地消除接收机钟差。在高精度定位时，可采用外接频标的方法，为接收机提供高精度的时间标准，如外接铯钟、　钟等。

2）天线相位中心的位置偏差

在 GPS 定位测量中，其伪距和相位观测值都是测量卫星到接收机天线相位中心间的距离。而天线对中都是以天线的几何中心为准，所以要求天线的相位中心应与其几何中心保持一致。但是，天线相位中心的瞬时位置随信号输入的强弱和方向不同会发生变化。所以观测时，相位中心的瞬时位置（称为视相位中心）与理论上的相位中心会不一致。天线视相位中心与几何中心的差就是天线的相位偏差，这个偏差会造成定位误差。所以，天线设计时，应尽量减少这种误差，并要求在天线盘上指定指北方向。在相对定位时，可通过求差法来削弱相位中心偏差的影响。

7.4.4　观测误差

观测误差通常与观测人员的技术水平有关。GPS 观测误差同时还与仪器硬件、软件和对卫星信号的分辨率有关。一般认为，分辨率误差为信号波长的 1%，因此，由分辨率误差引起的观测误差，P 码为 0.3m，C/A 码为 2.9m，载波 L_1 为 2.0mm，载波 L_2 为 2.5mm。

观测误差还与天线安置的精度有关，即天线对中误差、整平误差及天线高测量误差。假设天线高为 2.0m，天线整平时，圆水准气泡略偏一格，对中影响为 5mm，对定位就产生一定的影响。所以，在精密定位时，应注重天线的整平和仔细对中。

习题与思考题

1. 精密定位的特点是什么？
2. 精密定位的主要方法有哪几种？各种定位方法各有何特点？
3. GPS 精密定位与其他方法相比有何优势？
4. 载波相位的相对定位具体有几种方法？各自的基本原理是什么？
5. GPS 定位测量的误差主要包括哪几个方面？
6. 如何提高各种方法的定位精度？
7. 试述定位在测绘学科中的作用。

第 8 章 精密准直测量

8.1 概 述

精密准直测量是研究测定某一方向上点位相对基准线偏离量的测量方法。这种偏离量是指待测点偏离基准线的垂直距离或到基准线所构成的垂直基准面的偏离值，称为偏距或垂距。精密准直测量为大型机械、设备安装检测和大型工程变形监测服务，在正常情况下，偏离值都很小，通常又称为微距测量。由于偏距的方向不同，观测的条件和环境不一样，所以测量方法也不同。目前准直测量方法很多，主要有光学测量法、机械测量法和光电测量法等。这些方法各有特色，其精度和适应性都有很大差别，实际中应根据工程特点和要求选择准直测量方法。

随着科学技术的发展和社会的进步，高科技工程、大型工程、精密工程和高层工程将越来越多，对水平定位和垂直定位的要求也越来越高，传统的测量方法很难满足现代科技的要求，这些现状将有力地推动精密准直测量向纵深发展，新理论、新技术和新方法将不断涌现。精密准直测量与常规测量相比有以下特点：

（1）精密准直测量是测定待测点偏离基准线的垂直距离，这种偏离量或变形量在很短时间内可能很小，所以又称为微距测量。

（2）微距测量水平实质是反映测量变量的最小分辨率，精度要求高，工作难度大，必须采用精密测量仪器和先进的测量技术。

（3）精密准直测量为大型机械，设备安装、检测，大型工程，精密工程或重点工程变形监测服务，如大坝、百米以上的高楼大厦、电视塔、火箭发射架等。工程造价大、要求高，测量工作责任大、任务重，需确保测量结果准确无误。

（4）精密准直测量工作的环境也有它的特殊性，在大坝上或高楼旁观测，可能受大风、云雾和大气折光的影响；在室内或地下测量，可能受烟尘、气流和机械振动等影响。

8.2 水平精密准直测量

水平精密准直测量又称偏离水平基准线的微距测量。水平基准线通常平行于被测物体的主轴线，如大坝、机器设备的轴线。偏离水平基准线的微距测量就是测定被测点与基准线的垂直距离。水平准直测量方法很多，这里主要介绍小角法、活动觇牌法、机械法和激光准直法。

8.2.1　小角法测量

如图 8-1 所示，A、B 为基点，P 为
观测点，l 为 P 点偏离基准线的距离，在
A、B 两点分别设置高精度的全站仪，如
TC2003，精密测定 β_1 或 β_2，若精度要求

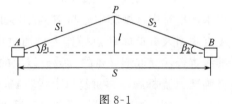

图 8-1

高时 β_1 和 β_2 都要测，其中一个计算值作为检核用。同时测定 S_1 或 S_2，则偏离
值为

$$\left.\begin{array}{l} l=\dfrac{\beta_1}{\rho''}S_1 \\[2mm] l=\dfrac{\beta_2}{\rho''}S_2 \end{array}\right\} \tag{8-1}$$

对式（8-1）微分，并按误差传播定律转换成中误差，则

$$\left.\begin{array}{l} m_l^2=\left(\dfrac{m_{S_1}}{\rho''}\cdot m_\beta\right)^2+\left(\dfrac{\beta_1}{\rho''}\cdot m_s\right)^2 \\[3mm] m_l^2=\left(\dfrac{m_{S_2}}{\rho''}\cdot m_\beta\right)^2+\left(\dfrac{\beta_2}{\rho''}\cdot m_s\right)^2 \end{array}\right\} \tag{8-2}$$

由于 β_i 角很小，采用 TC2003 测距精度很高，m_s 值仅有几毫米，所以上式
右端第二项误差很小。因此，小角法测量精度主要取决于测角精度。除了采用高
精度的角度测量仪器外，在观测过程中要严格地整平、对中和照准。同时，要考
虑观测环境的影响，在室内或地下观测时，视线离大面积物体的距离应大于 1m，
防止旁折光的影响。在野外观测时，尤其在大坝上，要防止大气和大气折光波动
剧烈时对精密测角的影响，应选择最佳观测天气或最佳观测时间。

8.2.2　活动觇牌法测量

活动觇牌法是测定安置在观测点上的活动觇
牌移动的偏离值。如图 8-1 所示，在 A 点设置全
站仪，精密瞄准 B 点后固定视线不动，在观测点
P 上安置活动觇牌，如图 8-2 所示。操作人员在
P 点移动活动觇牌，使活动觇牌的移动轴与视线
垂直，并使觇牌中心严格与视线重合，活动觇牌
法观测的具体步骤如下：

（1）在 A 点设置好全站仪，在 B 点安置固定

图 8-2　活动标牌

标牌，使全站仪严格瞄准固定标牌的中心，并固定仪器，使视线方向保持不变。

（2）在观测点 i 上架设活动觇牌，使活动觇牌移动轴与视线垂直，并使活动觇牌严格对中（觇牌中心与 P 点中心重合），此时记录活动觇牌中心读数，接着 A 点观测人员指挥 B 点操作人员通过测微器移动活动觇牌，使中心线严格与视准线重合，读取测微器的读数。以上的测量过程为半测回。转动全站仪，重新严格瞄准 B 点标牌，再重复以上操步骤，为一测回。

（3）第二测回开始，仪器重新整平对中，根据需要，每个观测点需测 $1\sim3$ 测回。

（4）活动觇牌的移动值就是观测点的偏离值。一般取几测回的平均值。

活动觇牌法测量精度主要受定向误差的影响。定向误差产生对 B 点和 P 点的定位误差分别为

$$\Delta B = \frac{S}{\rho} \cdot \Delta\alpha \tag{8-3}$$

$$\Delta P = \frac{S_1}{\rho} \cdot \Delta\alpha \tag{8-4}$$

式中，$\Delta\alpha$ 为定向误差。一测回的定向误差为

$$m = \pm\sqrt{\left(\frac{S}{\rho} \cdot \Delta\alpha\right)^2 + \left(\frac{S_1}{\sqrt{2}\rho} \cdot \Delta\alpha\right)^2} \tag{8-5}$$

若测两个测回，取其平均值的中误差为

$$m_L = \pm\frac{1}{2}m \tag{8-6}$$

活动觇牌法的定向误差主要包括照准误差和大气折光的影响。照准误差由于采用精密测量仪器，只要观测人员认真负责，影响不会很大。为削弱大气折光的影响，可根据观测环境和条件选择最佳观测天气和观测时间。最佳观测天气是阴天有微风，最佳观测时间应为日出前后，中午大气抖动大，不宜观测。

8.2.3　机械法测量

机械法准直测量是在两个已定的基准点间吊挂钢丝或尼龙丝构成基准线，利用测尺游标、投影仪或传感器测量中间的待测点偏离基准线（或引张线）的偏距。机械法准直也称引张线法准直，它实质上也是一种偏距测量。这种方法常用于机械设备安装和测定大坝的水平位移。

引张线由基准点装置、待测点装置和测线装置三部分组成。基准点装置包括墩座、夹线、滑轮和重锤。待测点装置包括水箱、浮船、标尺和保护箱等。测线装置包括直径为 $0.6\sim1.2$mm 的高强度弹性不锈钢丝和直径大于 10cm 的塑料保护管。钢丝两基准点在重锤作用下引张成一直线，形成固定的基准线，由于待测

点上的标尺是与建筑物（如大坝）固定在一起的，利用读数显微镜可读出标尺刻划中心偏离钢丝中心的偏离值，按周期观测，可测量大坝的水平位移。一次观测取三测回的平均值，其测量精度可达 0.03mm。

钢丝引张线准直测量的精度受钢丝本身误差和气流的影响，钢丝在受到接近拉断张力的情况下，不能将其看作理想的直线，它始终保持原始卷线时所产生的残余变形，其误差值可用下式计算：

$$m_1 = \frac{\pi E d^4}{64 R T} \tag{8-7}$$

式中，E 为钢丝弹性模量（kg/cm²）；d 为钢丝直径（cm）；R 为卷线半径（cm）；T 为张力（kg）。

钢丝的准直精度同时受到气流的影响，侧面气流压力会造成引张线偏离直线方向，气流的不稳定还会导致钢丝振动。在侧面风向垂直于引张线并均匀作用的条件下，钢丝中点处的偏离值可按下式计算：

$$m_2 = \frac{d \cdot v^2 \cdot l^2}{64 T} \tag{8-8}$$

式中，d 为钢丝直径（m）；v 为风速（m/s）；l 为引张线长度（m）；T 为张力（kg）。

为了减少气流的影响，应尽可能使空气处于静止状态，为此通常把引张线布置在防风筒内或在引张线一侧设置临时挡风墙。大跨度的引张线，由于自身重力的影响，将产生较大的垂曲，可采用浮托装置使引张线基本处于一个水平面上，以便于对钢丝进行光学照准观测，同时也起到稳定钢丝的作用。

8.2.4　分段视准线法测量

若基准点 AB 间的基准线距离很长，往往受到大气旁折光及照准误差影响较大，为提高视准线观测精度，可采用分段视准线法测量，如图 8-3 所示。A、B 为基准点，C 为分段点，在 A、B 两点观测得小角 α_1、α_2，则 C 点偏离基准线 AB 的距离为

$$L_C = \frac{1}{2}\left(\frac{\alpha_1}{\rho''}S_{AC} + \frac{\alpha_2}{\rho''}S_{BC}\right) \tag{8-9}$$

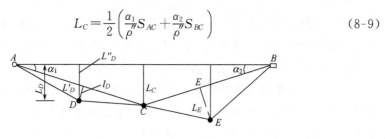

图 8-3　分段视准线

再以 AC 及 BC 作为基准线，用小角法观测 D 点偏离 AC 的距离 L_D，E 点偏离 BC 的距离为 L_E。由于视准线布设时，各个 α 角都很小，则 $L'_D \approx L_D$，由图 8-3 可知，点 D 偏离基准线 AB 的距离为

$$L_D = L_D + \frac{S_{AD}}{S_{AC}} L_C \qquad (8\text{-}10)$$

同理，E 点偏离基准线 AB 的距离为

$$L_E = L_E + \frac{S_{BE}}{S_{BC}} L_C \qquad (8\text{-}11)$$

由式（8-10）和式（8-9）按误差传播定律可得

$$m_{L_D}^2 = \left(\frac{m_a}{\rho}\right)^2 \left[S_{AD}^2 + \left(\frac{S_{AD}}{S_{AC}}\right)^2 \left(\frac{S_{AC}^2 + S_{BC}^2}{4}\right) \right] \qquad (8\text{-}12)$$

若取 $S_{AB} = 2S_{AC} = 4S_{AD}$，则上式为

$$m_{L_D} = 0.3062 \frac{m_a}{\rho} \cdot S_{AB} \qquad (8\text{-}13)$$

由上式可知，分段视准线法测量精度主要取决于测角精度和基准线长度。测角采用高精度全站仪（如 TC2003），比较容易达到精度要求。基准线长度与基准线精度成正比，距离越短精度越高，所以，长距离的基准线必须分段观测。实验证明，基准线距离在 400m 以内，微距测量精度优于 ±4.0mm，能满足土石坝等大型工程的安全监测的要求。

8.2.5　激光准直测量

激光具有高度相干性、高度单色性、高亮度和方向性强等特点，非常适合用于准直测量。准直测量通常采用 He-Ne 激光器发出一束波长 $\lambda = 0.6328\mu m$ 的激光束，通过光学系统形成一条可见的基准线。He-Ne 激光是气体激光，使用方便且安全可靠。激光的形成发射涉及的内容比较多，这里主要介绍波带板激光准直原理和测量方法等。

1. 波带板激光准直原理

波带板激光准直测量是利用激光的特性，在两基准点间形成一条亮线，在点光源中心和波带板中心延长线一定距离的地方形成亮点（或十字亮线），根据波带板这一特性，可采用三点准直方法进行激光准直，称为波带板激光准直。

波带板激光准直原理如图 8-4 所示。在准直线的两端安置激光器点光源和有坐标轴的观测屏（或光电接收器），在中间准直点上安置相应焦距的波带板。点光源中心为 A，波带板中心为 B，观测屏中心为 C。有两个点固定，就可以准直第三点。当波带板中心 B 相对于光源中心和观测屏中心的连线 AC 偏移一段距离

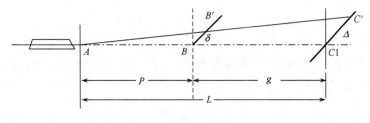

图 8-4

δ 时，波带板所形成的像点中心 C' 将向同一方向偏移，其偏移值为

$$\Delta = \frac{L}{P}\delta \tag{8-14}$$

式中，L 为 AC 两点的距离；P 为 AB 两点的距离。

　　波带板激光准直采用三点准直法，激光束只形成点光源发射后照满波带板，而不作为一条基准线，目的是为了避免对激光束高稳定性的要求。

　　波带板激光准直宜布置成图 8-5 所示的形式，AB 为基点，在 AB 两端延长线适当部位设置点光源 C 和光电探测装置 D。设点光源距 AB 基线的偏移值为 $\delta_{\text{光}}$，探测装置的零位距 AB 基线的偏移值为 δ_0，观测点 i 偏离基线 AB 的距离为 δ_i。由图 8-5 可列出下列三个等式（可根据相似三角形法）求出 δ_0、$\delta_{\text{光}}$ 和 δ_i 的值：

$$\frac{\delta_{\text{光}}}{S_A} = \frac{d_A - \delta_0}{L - S_A} \tag{8-15}$$

$$\frac{\delta_i - \delta_{\text{光}}}{L - S_i} = \frac{\delta_0 - \delta_i + d_i}{L - S_i} \tag{8-16}$$

$$\frac{\delta_{\text{光}}}{S_B} = \frac{d_B - \delta_0}{L - S_B} \tag{8-17}$$

令 $G_A = \dfrac{L - S_A}{S_A}$，$G_B = \dfrac{L - S_B}{S_B}$，$G_i = \dfrac{L - S_i}{S_i}$，由上述三式可解出观测点 i 偏离

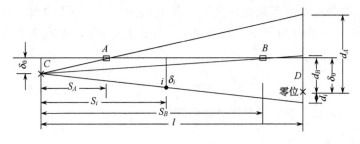

图 8-5　波带板激光准直的布置

距离

$$\delta_i = \left(\frac{G_i - G_B}{G_A - G_B} \cdot d_A - \frac{G_i - G_A}{G_A - G_B} \cdot d_B - d_i \right) \frac{S_i}{L} \qquad (8\text{-}18)$$

假设点光源中心和探测器零位都位于基准线上，则 $d_A = 0$，$d_B = 0$，式 (8-18) 可写成

$$\delta_i = d_i \frac{S_i}{L} \qquad (8\text{-}19)$$

式 (8-18) 中的每个 G 值均可预先算出，因此只要光探测器测出 d_A、d_B、d_i，就可以计算出 i 点的偏离值 δ_i。

2. 波带板准直测量方法

波带板激光准直测量自动化程度较高，测量程序必须按步骤进行，具体测量步骤如图 8-6 所示。

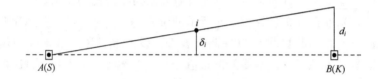

图 8-6　激光波带板准直测量

(1) 在基准点 A 安置激光器。

(2) 在基准点 B 安置探测器。

(3) 在待测点 i 安置焦距的波带板。

(4) 打开电源开关，使激光器和探测器处于正常的工作状态。当激光照满波带板时，在 B 点的激光探测器上可测得 d_i，按下式计算 i 点的偏距：

$$\delta_i = \frac{S_i}{S_{AB}} d_i \qquad (8\text{-}20)$$

当激光发射中心 S 和光电接收中心 K 连线与 A、B 不重合时，可采用上述方法测得 A、i、B 相对于 SK 的偏离值 d'_A、d'_i、d'_B，如图 8-7 所示，从而求得

$$\delta_i = \delta'_i - \frac{d'_A \cdot S_{Bi} + d'_B \cdot S_{Ai}}{S_{AB}} \qquad (8\text{-}21)$$

这样可消除激光器和探测器的对中误差。

3. 波带板准直测量误差

波带板准直测量误差主要包括大气折光误差、波带板对中误差和接收端点的

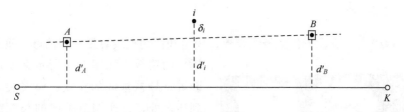

图 8-7　偏离值的变化

距离测量误差。波带板准直测量常用于大坝上测量，由于风大、气流波动大，大气折光影响比较明显。在观测时应尽可能选择无风无雨的有利天气，而且要求激光束离地面或建筑物的距离大于 1m，以减少旁折光的影响。准直测量误差还与点间距离大小有关，理论推导或试验都可证明。当测线全长 $L=500$m，$S_A=50$m，$S_B=250$m，设波带板对中误差为 ±0.2mm 时，可求得中间点偏离值误差为 ±0.24mm，这对精密准直测量不可忽视。

从式（8-18）～式（8-21）都可清楚地看出接收端光斑测量 d_A、d_B、d_i 的精度直接与偏距 δ_i 有关。这种测量误差是人为因素，要采取相应的措施和方法减少测量误差，提高偏距的精度。

8.3　垂直精密准直测量

垂直精密准直测量又称偏离垂直基准线的微距测量。垂直基准线是过基准点的铅垂线。与水平基准线一样，垂直基准线可用光学法、光电法或机械法产生。例如，两台经纬仪过同一基准点的两个垂直平面的交线即为铅垂线。用精密光学垂准仪可产生底部基准（底向上垂准仪）或顶部基准点（顶向垂准仪）的铅垂线。光学法仪器中加上激光目镜，也可产生可见光铅垂线。机械法的主要特征是能克服风和摆动的影响，最常用的机械法有正、倒垂线法。

垂直精密准直测量在百米高的大厦、电视塔、烟囱等建筑施工中已能达到较高的垂直精度，尤其在核电站、火箭发射架等高精尖工程的机械设备安装中，垂直精度通常可达到亚毫米级。垂直精密准直测量在现代工程建设和高科技研究中发挥着重要作用。这里主要介绍机械法、激光铅垂仪、光电投点仪的原理及应用。

8.3.1　机械法原理与应用

机械法操作简单、灵活性强且精度可靠，是在建筑物施工中常用的一种方法。

1. 正垂线法

正垂线法主要设备包括悬线装置、固定和活动夹线装置、观测墩、垂线、重

图 8-8　正锤仪

锤、油箱等，如图 8-8 所示。固定夹线装置是悬挂垂线的支点，应安装在人能到达之处，以便调节垂线的长度或更换垂线。该点在使用期间应保持不变，若垂线受损而折断，支点应能保证所换垂线的位置不变。当采用较重的重锤时，在固定夹线装置上方 1m 左右处应设悬线装置。活动夹线装置为多点夹线法观

测时的支点，构造时需考虑不使垂线折断，以免损伤垂线，同时还要考虑到每次观测时都不改变原点的位置。垂线是一种高强度且不生锈的钢丝，垂线的粗细由钢丝的强度和重锤的重量来确定。既要使金属丝能自由悬挂又要考虑其受重的能力，一般直径为 1~2.5mm。重锤是使垂线保持铅垂状态的重物，可用金属或混凝土制成砝码的形式。通过大量试验证明，当垂线直径为 1mm 时，重锤重量为

25kg，当直径为 2.5mm 时，垂锤的重量为 150~200kg，这种配置比较科学、合理，垂线既达到铅垂的效果，又安全可靠。重锤上设有止动叶片，以加速垂线的静止。油箱内装有一定密度的液体，能使重锤稳定而不摆动。

图 8-9　倒锤仪

2. 倒垂线法

倒垂线法的倒垂装置是利用钻孔将垂线（直径为 1mm 左右的不锈钢丝）一端的连接锚块深埋到基岩之中，从而提供在基岩下一定深度的基准点，垂线的另一端与浮体箱连接，垂线在浮力的作用下被拉紧，始终静止于铅直位置，形成一条铅直基准线。倒垂的关键是钻孔必须铅直，要保证使垂线在钻孔内能有自由活动的有效空间，如图 8-9 所示。倒垂的位置应与工作基准点相对应，利用安置在工作基点观测墩（有强制归心装置）上的垂线坐标仪（图 8-10）。可同时测定工作基点相对于倒垂线的坐标值（x、y），而且可比较不同周期（或不同时间）的坐标，即可求得工作基点的偏移值。目前，垂线观测通常采用自动读数设备，

图 8-10　垂线坐标仪

如遥测垂线坐标仪（TELEPENDLUM）分辨率为 0.01mm。另外，还有自动视觉系统 AVS（Automated Vision System），它采用 CCD 照相机，能自动拍摄垂线的影像，从而确定垂线位置的变化，其分辨率可达 $0.3\mu m$。

机械法的特点是将垂线挂上重锤放在油箱内，由于油箱内的液体有一定密度，所以能克服风和摆动的影响。但必须考虑钢丝（或金属丝）挂上一定重量会被拉长，因此，在挂重锤前，必须估算钢丝拉伸长度。钢丝的拉伸长度值 ΔL 可按下式计算：

$$\Delta L = K \cdot L \frac{Q\ (C_1 - C_2)}{C_1}\tag{8-22}$$

式中，K 为受力 1kg 钢丝每米的伸长量，可由表 8-1 查出；L 为钢丝悬挂长度，单位为 m；C_1 为垂锤的密度，生铁为 $7.3g/cm^3$，熟铁为 $7.7g/cm^3$；C_2 为油箱内稳定液的密度，水为 $1g/cm^3$。

表 8-1　钢丝伸长系数表

钢丝直径/mm	0.5	0.8	1.0	1.2	1.4	1.6	1.8	2.0
系数 K/cm	0.255	0.100	0.064	0.044	0.032	0.002 5	0.002 0	0.001 6

估算钢丝拉伸量 ΔL 后，考虑拉伸量并挂上重锤放入油箱内，要保证重锤不能与油箱底接触，才能使垂线铅垂。

8.3.2　激光铅垂仪的原理与应用

百米以上的高楼大厦、烟囱、电视塔、卫星发射架等建筑物的施工中，保证其精密垂直是一项十分重要的工作。传统的方法常用吊重锤或用两台相互设置 90°的经纬仪进行交会等方法，操作麻烦且精度不高，不能适应精密准直测量的需要。激光铅垂仪问世以来，在高层建筑垂直准直测量中发挥了重要作用，其操作简便、作业速度快，而且受大气影响因素少、精度高。

1. 激光铅垂仪的基本原理

激光铅垂仪是利用激光高亮度、方向性强的特点研制的，是一种供竖直定位的专用仪器，适用于高层建（构）筑物的竖直定位。它主要由 He-Ne 激光器、竖轴、发射望远镜、水准器、基座和电源等部件组成。

激光器由两组固定螺钉固定在套筒内，仪器的竖轴是一个空心筒轴，两端有螺扣连接，激光器安装在筒轴的上（或下）端，发射望远镜安装在下（或上）端，即构成向上（或向下）发射的激光铅垂仪。仪器上设有两个互成 90°的水准器，其格值一般为 20″/2mm，并配有专用的激光电源。使用时，通过水准气泡

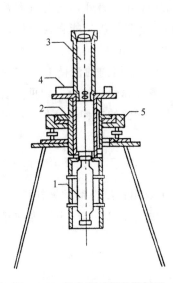

图 8-11　激光铅垂仪基本构造

1. He-Ne 光器；2. 竖轴；3. 发射望
远镜；4. 水准管；5. 基座

整平对中仪器，利用激光器底端（全反射棱镜端）所发射的激光束严格对中，接通激光电源启动激光器即可发射垂直光束。仪器的基本结构如图 8-11所示。

仪器在安装和调试过程中，长水准轴应垂直于竖轴，激光束应与仪器竖轴中心重合，这样才能达到激光束铅垂的作用。

2. 激光铅垂仪的应用

烟囱等高大建筑物通常采用滑模施工方式，在这种施工中，每支架一层模板时，必须仔细标定中线，所以垂直度的控制测量比较频繁，在施工前应在底部中心设置仪器架，将激光铅垂仪固定安置在此架上。此外，为防止施工过程中高处掉杂物砸破仪器，仪器不用时应在上方设防护罩，罩顶开有小孔，以便激光通过，不用时可把小孔盖好。进行准直测量时，在工作平台中央安置接收靶，仪器操作人员打开电源开关，使激光束向上射出，并调节望远镜调焦螺旋，使接收靶得到清晰的粉红色光斑，然后整平仪器，使竖轴垂直（垂直后，当仪器绕竖轴旋转时，光斑中心始终在同一点或画出一个小圆），在接收靶处的测量人员应记录激光光斑中心在接收靶上的位置，并随着铅垂仪绕竖轴旋转，记录光斑中心的移动轨迹。其轨迹一般为小圆，小圆的中心位置就是铅垂仪的投射位置。根据这一中心位置可直接测出滑模中心的偏离值，如图 8-12 所示，供施工人员调整滑模位置。

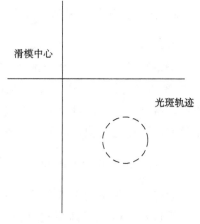

图 8-12　滑模施工与激光光斑

在实际投点过程中，仪器经检校后，在 150m 高处，光斑中心所画的小圆直径应控制在 10mm 以内，否则就应进行校正。激光铅垂仪准直测量误差主要包括仪器整平误差、激光束准直误差，同时还受大气折光、气流、风向和风力等影响。

习题与思考题

1. 什么叫精密准直测量？
2. 精密准直测量与常规测量相比有何不同？
3. 水平精密准直测量主要有哪几种方法？
4. 垂直精密准直测量主要有哪几种方法？各有何特色？

第9章 精密设备安装和检校测量

9.1 概　述

精密设备安装和检校测量的主要任务是根据设计和工艺要求，将设备或构件按精度要求和工艺流程需要精确安置到设计位置，同时在设备安装调试和运转过程中还要进行必要的检测、校准等工作。定位精度通常优于毫米、亚毫米甚至更高。随着科技发展和社会的进步，精密设备安装测量的服务范围越来越广，如高能粒子加速器，核电站反应堆内部环形吊车、压力容器、主泵、蒸发器的安装，大型水轮发电机组的安装调试，民用客机整体安装和飞船对接等。精密设备安装和检校测量与常规的测量方法相比，具有以下特点：

（1）精密设备安装和检校通常属于高科技工程、前沿工程或重大工程，投资大、要求高，而且时间要求严。

（2）精密设备安装和检校测量精度要求高，通常为毫米、亚毫米甚至更高，工作难度大。

（3）设备安装测量常在室内、仓内进行，仪器架设位置和观测环境比较特殊，往往受到旁折光、温度和采光等影响。

（4）设备安装和调试的测量工作具有连续性，由于设备自身重量和定位精度的影响，安装后的检测工作要连续进行，以便及时校正，精确安装定位达到精度要求。

（5）采用的测量仪器精度较高，分辨率较好，不但测量精度高，而且对微小的变化都能及时测出，对设备安装变形和校正都有实际意义。

（6）测量方法比较先进，检校（或检核）措施真实可靠且精度较高，能保证设备的正常运转。

9.2 精密设备安装测量的基准和控制网

精密设备安装的基准和控制网用于保证设备按设计要求准确定位。这类工作常在室内或仓内进行，网常布设成精密微型网，其精度要求与设备的安装精度有关。设备安装测量的目的是调整设备的中心线、水平位置和标高，使三者误差达到规定的要求，才能使设备按设计要求精密定位。定位的基准是控制网的精度，定位精度要求越高，控制网精度就要更高。这里介绍几种典型的控制网。

9.2.1　主轴线和十字中心线

主轴线也称基准线，是设备安装的基础，通常与大型设备的中心线重合或与大型提升机提升轴垂直。特殊设备安装时，还以主轴线中心为基点标设一条垂直于主轴线的直线，组成十字中心线，两条直线间垂直误差小于±5″，甚至更高。

1. 主轴线和基准点的确定

主轴线是精密设备安装的基准线，通常由 4～6 个基准点组成。主轴线根据两点决定一条直线的原则确定，其余基准点必须位于其上。通常在先确定的基准点上设置经纬仪，精密照准另一个基准点，再采用望远镜视准线法确定其余基准点。主轴线必须满足以下要求：

（1）应是一条直线，各点偏差不能超过±1mm，特殊情况下，基准点偏差不能超过±0.1mm。

（2）精确测定各基准点的平面坐标和高程。

（3）基准点应便于设置仪器，而且便于观测。

（4）基准点应受工程建设影响较小，便于保存。

2. 主轴线平面的设置形式

主轴线及基准点确定以后，为了便于设备安装，在平面内有许多设置形式，常使用拉线法和光线代替法。

1）拉线法

拉线法是在两端点上安置线架，如图 9-1 所示，线架上必须具备两个装置和拉紧装置和调心装置，通过螺母螺杆的相对运动调整滑轮的左右位置，以达到改变拉线位置的目的。

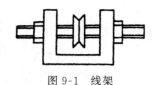

图 9-1　线架

拉线常采用细钢丝，钢丝直径为 0.3～0.8mm，拉线安置好后，要进行严格检查，确保没有偏差。

2）光线代替法

光线代替法即采用全站仪、激光准直仪、激光指向仪的视线或激光光束代替传统的画墨线和拉线等方法。如激光是采用 He-Ne 激光器发射一束粉红色的光束，直观且便于操作。

3. 十字中心线

十字中心线是两条相互垂直的直线，其中一条是主轴线。两条直线的垂直误差应小于±2″，甚至更小，通常根据设备安装精度确定。十字中心线首先要确定中心点和主轴线，接着在中心点设置仪器标定另一条直线的基准点，每一条直线上应有 4~6 个基准点。十字中心线的特点和布设形式与主轴线基本一致，也常用拉线法或光线代替法。

9.2.2　环形控制网

高能物理加速器中的粒子束是在储能环中高速运动的。为了让粒子束在封闭的环内高速运行，防止离心力或惯性力的影响，必须在环形周边安装巨形磁铁，使粒子在运动中进行转向。为此，要求任意两相邻磁铁间的相对径向中误差为 0.1~0.15mm。为精确安装这些磁铁并在运行期间观测其变形，需要沿闭合曲线布设环形控制网。这种网在隧道中布设，由于通视条件差，而且观测条件不十分理想，工作难度相对比较大，目前环形控制网一般布设成测高环形三角网和大地四边形环锁等形式。

1. 测高环形三角网

测高环形三角网如图 9-2 所示，在每个三角形中除了测定两条短边外，还在每个狭长三角形中，在长边上引张一条弦线，并用专用工具丈量三角形的高（此高是指平面三角形的高），其基本原理是根据三角形的两条短边和高推算三角形的三个内角。在加速工程中，采用铟瓦测距仪 Distinvar 测距，测距精度可达 0.03~0.05mm。可见，测高环形三角形网法能显著提高三角形内角的测量精度，有效地克服测角视线靠近隧道壁产生的旁折光的影响。它实质上是以测边、测高达到高精度测角，使方位角的精度可达到设计要求，确保精密设备的安装精度。下面简要分析测高环形三角网的精度。如图 9-3 所示，在直伸三角形 abc 中，三角形内角的计算公式为

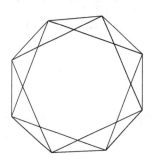

图 9-2　环形三角网图

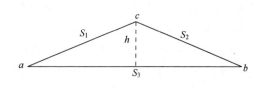

图 9-3　测高三角形

$$
\left.\begin{array}{l}
\sin a = \dfrac{h}{S_1} \\[2mm]
\sin b = \dfrac{h}{S_2} \\[2mm]
C = 180° - a - b
\end{array}\right\}
\tag{9-1}
$$

对式（9-1）中第一式进行微分，并按误差传播定律可得测角中误差为

$$
m''_a = \rho'' \cdot \tan a \sqrt{\left(\frac{m_h}{h}\right)^2 + \left(\frac{m_{S_1}}{S_1}\right)^2}
\tag{9-2}
$$

环形三角网的边长一般都比较短，三角形为狭长三角形，故有 $\tan a \approx \dfrac{h}{S_1}$，则式（9-2）可转化为

$$
m''_a = \rho'' \sqrt{\left(\frac{m_h}{h}\right)^2 + \left(\frac{h}{S_1}\right)^2 \left(\frac{m_{S_1}}{S_1}\right)^2}
\tag{9-3}
$$

由式（9-3）可见，在测边精度一定的条件下，h 越小，m_a 精度越高。

若在某环形粒子加速器工程中，环的半径 $R = 243.63$mm，布设 60 个控制点。由此可得 $S_1 = 25.5$m，$h = 1.38$m，设 $m_S = 0.06$mm，$m_h = 0.03$mm，代入式（9-3）后可得 $m_a = \pm 0.24''$，$m_b = \pm 0.24''$，$m_c = \sqrt{2}\,m_a = \pm 0.34''$。

由以上实例可见，测高环形三角网在特殊的条件下，以高精度的测距经过转换代替测角，可获得很高的测角精度，完全满足粒子加速器等工程高精度设备安装控制网的要求，而且操作方便、精度稳定可靠。

2. 大地四边形环锁

大地四边形环锁如图 9-4 所示，图形结构严密，约束条件多。这种网形的特点是采用高精度的全站仪测量全部的边长而不测角，其方位角也采用边长转换的方法求得，是一种精度高、可靠性强的布设方案。但测量工作量大，而且需要具备多种不同长度的铟瓦测距仪或铟瓦尺。

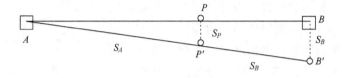

图 9-4　四边形环锁

环形控制网的精度评定通常要求给出切向误差和径向误差，如果在直角坐标下进行平差，则平差后要将 x 和 y 的方向误差转换成切向误差和径向误差，这

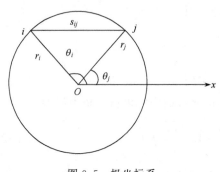

图 9-5　极坐标系

种转换比较麻烦。考虑到环形控制网的特点，一般采用极坐标系，如图 9-5 所示，这样平差后可直接得到径向误差值，但在平差时要建立大地四边形环锁在极坐标系下的边长误差方程。

在高能粒子加速器等高精度环形控制的测量中，也可采用激光跟踪仪的测量方法，为了和其他设备采集的数据相对应或便于归算，一般要研制相应的测量目标和配件。

9.2.3　微形控制网

反应堆是核电站的关键性厂房，呈圆柱形结构，其外形像倒扣在地面上的全封的圆筒。内半径为 18～25m，高为 80～100m。内部结构复杂，各种设备密集，安装精度要求高，一般安装定位精度在 ±1mm 左右，甚至更高。反应堆内部测量空间小，钢筋、管线等纵横交错，特别是在 +5m 以上，正常测量工作十分困难，为了保证设备安装精密到位，必须建立反应堆内部控制网。内部控制网又分为低层控制网和高层微型控制网。

1. 低层控制网

核电站核心区主轴线是以反应堆中心为原点的两条相互垂直的轴线，供反应堆圆体浇灌前的各项施工放样用。低层控制网的图形如图 9-6 所示，由 5 个点组成。中心点根据设计坐标，利用施工控制网点，按一定的精度要求标定，然后再标定相互垂直的两条主轴线。低层网作为 -8～+5m 间各种工程放样的基础，在反应堆筒体钢衬里开始施工后，筒体内外视线被阻挡前，把核岛区的主轴线投放到筒体的钢衬里上。在中心点架设仪器，按四等测角网精度进行观测，并逐步调整点位，使所测的 4 个角与理论值 90° 相差小于 ±5″，才能满足工程的需要。还需将投放后的主轴线点在钢衬里上作永久性标志，如图 9-6 中所示的 01、02、03、04 点。

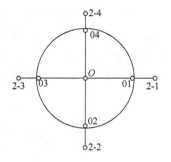

图 9-6　低层网

2. 高层微形控制网

反应堆换料水池的钢覆面墙使得用主轴线点无法完成＋5m 以上、＋18m 以下的测量工作，为此需要建立高层微形控制网。反应堆内部复杂的结构主要集中于＋5m 以上、＋18m 以下。为了减少放样时竖直过大而带来的影响，根据现场实际情况，通常将微型控制网设在＋20m 的位置上。微型网一般由 9 个点组成，为了施工放样方便，将 4 个点仍布设在原主轴线上，其余 4 个点的布设使微形网成为近似的正八边形。控制点采用强制对中器，用槽钢焊在筒体钢衬里上。图 9-7 为微型控制网，图 9-8 为高层微形网与低层网的关系。

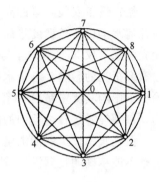

图 9-7　微形网

微形网的精度不仅要满足建筑施工要求，还必须满足压力器、主泵、蒸发器、稳定器等设备安装定位的要求。其中精度要求最高的为压力容器，定位偏差 $\Delta \leqslant \pm 1.5$mm。根据误差理论，设备定位偏差主要包括测量误差和施工误差。测量误差又分为控制点误差和放样误差，一般认为放样中误差是控制点点位中误差的 $\sqrt{2}$ 倍，而施工误差又是整个测量误差的 $\sqrt{2}$ 倍，同时考虑设备定位偏差的极限误差，则很容易推导出微形网点位中误差为 ± 0.25mm。秦山核电站微形网采用 T_2 经纬仪测角，ME3000 测边，N_3 水准仪测各点高差，用秩亏自由网平差，点位最大中误差为 ± 0.1mm。由此可见，高层微形控制网的特点为：

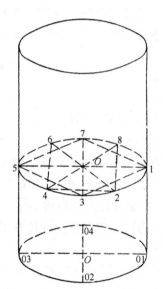

图 9-8　微形网与低层网关系

（1）微形网边长短，方向多，精度要求高，整个网以中心点为原点，构成环形，故称为环形网。

（2）微形网根据其测量条件是以测角为主、适当测量部分边长的混合网，点位均采用强制归心装置。

（3）微形网控制点均布设在反应堆内＋20m 的筒体上，测量条件比较差，观测难度大。

9.2.4　高程控制网

精密设备安装测量的高程精度要求很高，必须建立高精度的高程控制网，目前几何水准仍然是精度最高、可靠性最强的高程测量方法。水准测量仪器以高精度光学水准仪 N_3、Ni004 等为主，或采用高精度的电子水准仪。光学水准仪应注意旁折光的影响。电子水准仪在室内安装环境下使用要注意照明、通视条件，确保不影响其测量精度。室内水准点应设置固定的位置，以便于观测和重复应用，以及设备运转过程中的检测。

激光跟踪仪虽然能测量仪器坐标系下的垂直坐标或垂直坐标差，但由于仪器竖轴不能精确调整到沿铅垂方向，故不能用于大范围的高程测量中。

9.3　点位精密放样

设备安装测量常通过其特征点在实地标定出来，如设备的中心点和基准点等，因此点位放样是设备安装的基础。点位放样最常用的方法有极坐标法、直角坐标法、坐标法、交会法、角度交会法、距离交会法、角边交会法、全站坐标法和直线铅垂线放样法。考虑到精密设备安装的特点和精度要求，本书仅介绍角边交会法、全站坐标法和铅垂线放样法。

9.3.1　角边交会法

角边交会法是利用点位之间的角度、边长关系进行定位或放样的一种方法。只要采用高精度的全站仪（如 TC2003）就可以达到较高的定位精度，完全满足精密设备安装定位的要求。角边交会法如图 9-9 所示，A、B 为已知点，P 为待定点，图中的 β、S 是设计上可以得到的已知角和边长的水平长度，也可以用点位坐标计算出来。角边放样的方法如下：

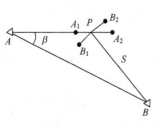

图 9-9

（1）在 A 点架设全站仪，以角度放样的方法在实地标出 AP 的方向线 A_1A_2。

（2）在 B 点架设全站仪，在 A_1A_2 方向线上移动棱镜，使距离等于 S，相当于以 B 点为圆心，以 S 为半径画弧线 B_1B_2。

（3）利用直线 A_1A_2 与弧线 B_1B_2 相交于 P，并在实地设 P 点的标志。

（4）P 点基本确定后，再分别在 A、B 两点架设仪器测角和测边，所测值应等于设计值，确保定位精度的准确性和可靠性。

9.3.2　全站坐标法

全站坐标法是利用全站测量技术进行精密定位放样的新方法，精度高、操作简便。全站坐标法定位放样的要点是：利用全站测量技术，先测量初定点位，把直接测定的点位坐标与设计坐标进行比较，若两者相等则初定点位为所测设的点位，若两者不相等再进行修测。全站坐标法具体有直角坐标增量测设技术、极坐标增量测设技术和偏距测设技术等。

1. 直角坐标增量测设技术

直角坐标增量测设技术利用全站仪，能直接测出坐标增量的特性并进行定位，自动化程度高，操作比较方便。其原理如图 9-10 所示，测站点 A 架设全站仪，B 是起始方向点，P 是待测点。

（1）测设前，将 A、B、P 的坐标等参数输入全站仪。测设开始，反射棱镜初立在 P' 点位上。

（2）测设时，全站仪望远镜瞄准反射棱镜进行测量，并根据测量的水平角 β' 和平距 D' 计算 P' 点的坐标 x'_P、y'_P。同时与 P 点的设计坐标 x_P、y_P 进行比较，并显示坐标增量 Δx、Δy。

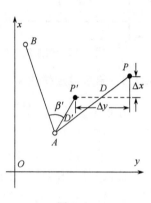

图 9-10

（3）全站仪根据 Δx、Δy 指挥移动反射棱镜，并连续跟踪测量，直至 $\Delta x=0$、$\Delta y=0$。此时反射棱镜所在点位就是设计的点位 P。

（4）最后在地面上设置点位 P 的标志。

2. 极坐标增量测设技术

极坐标增量测设技术是把上述的坐标增量 Δx、Δy 转化为极坐标增量 $\Delta\beta$、ΔS，如图 9-11 所示。

（1）在 A 点设置全站仪，并将 A、B、P 点的坐标输入全站仪，测设开始，反射棱镜初立 P' 点。

（2）测设时，测量 $\angle BAP'$ 角 β'，AP' 距离 D'。

（3）将坐标增量转化为极坐标增量

$$\Delta\beta=\beta'-B \tag{9-4}$$

$$\Delta S=D-D' \tag{9-5}$$

（4）全站仪根据 $\Delta\beta$、ΔS 指挥移动反射棱镜，使增量 $\Delta\beta=0$，$\Delta S=0$。

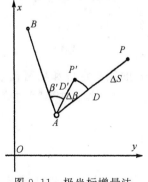

图 9-11　极坐标增量法

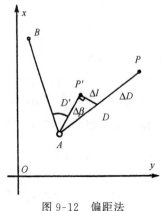

图 9-12　偏距法

（5）同样，在地面上设置点位 P 的标志。

3．偏距测设技术

偏距测设技术就是把上述的极坐标增量 $\Delta\beta$、ΔS 转化为偏距，如图 9-12 所示。由图可见

$$\Delta L = D' \tan\Delta\beta \tag{9-6}$$

$$\Delta D = D - \frac{D'}{\cos\Delta\beta} \tag{9-7}$$

在测设过程中使偏距 $\Delta L = 0$，$\Delta D = 0$，就可达到定位的目的，最后在地面上设置 P 点的标志。

9.3.3　铅垂线放样法

在设备安装中，为了保证巨型设备或高大设备的垂直度，经常采用铅垂线放样法。通常有以下几种方法。

1）经纬仪弯管目镜法

此法利用视准轴的准直原理，在观测前卸下经纬仪的目镜，装上弯管目镜，使望远镜的视线指向天顶。观测时，使照准部每旋转 90°向上投一点，这样可得到四个对称点，而这四个点的几何中心就是铅垂线的点。

2）光学铅垂仪法

光学铅垂仪是专门用于放样铅垂线的仪器。仪器有上、下两个目镜和两个物镜，可以向上或向下作垂直投影，而且操作简便，垂直精度为 1/40000，是常用的一种垂直仪器。

3）激光铅垂仪

激光铅垂仪利用激光的高强度和方向性强的特征，一般采用 He-Ne 气体激光。高精度的激光铅垂仪可以同时向上和向下发射垂直激光，用户可以很直观地找到垂直激光点，垂直精度为 1/30000。

9.4　精密定线的方法

精密定线是设备安装的重要方法之一，常用于设备的线状定位和精密校准。目前，精密定线的方法很多，下面主要介绍几种在设备安装和调试中常用的精密定线方法。

9.4.1　外插定线

外插定线原理如图 9-13 所示，A、B 为已知点，要在 AB 延长线上定出一

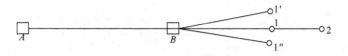

图 9-13　经纬仪外插定线

系列待定点的方法，称为外插定线法。

外插定线法操作比较简单，将全站仪架设在 B 点，用盘左照准 A 点，固定照准部，然后把望远镜横轴旋转 $180°$ 定出待定点 $1'$，盘右重复上述步骤定出 $1''$ 点，取 $1'$、$1''$ 点的中点为 1 号点的最终位置。

接着按上述方法放样定出 2 号点，当 B、2 两点相距很远时，也可将全站仪设在 1 号点上，用 A、1 两点放样出 2 号点。如果需要放样一批点，可一站接着一站往前设置仪器，称为逐点向前设站外插定线。也可利用高精密度全站仪的优势，一次多放样 n 个点，但点位确定后，必须进行检查，确保直线的准确度。

9.4.2　内插定线

内插定线即在 A、B 两已知点的连线上放样出 P 点，其原理如图 9-14 所示。在 A 点或 B 点架设全站仪，望远镜照准 B 点或 A 点后固定照准部，即可放样出 P 点。如果在 A、B 两点不便于设置仪器（如设备上的两点或因其他原因），可采用所谓的归化法内插定线。

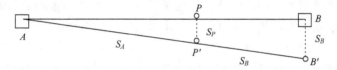

图 9-14　内插定线

在概略点 P' 架设仪器，P' 点基本位于 AB 直线上，采用外插定线的方法在 B 点附近放出一点为 B'，量出 BB' 的距离 S_B，则 P、P' 的距离 S_P 为

$$S_P = \frac{S_a}{S_a + S_b} \cdot S_B \tag{9-8}$$

将 P' 点往 P 点方向改正距离 S_P，即可得到 P 点的设计位置。

在实际归化过程中并不是一次就可将 P 点放样到 AB 直线上，需要逐次归化，如图 9-15 所示。通过在 P' 点测量 $\angle AP'B = \gamma$，$\Delta\gamma = 180° - \gamma$，$\Delta\gamma$ 应满足设计的限差，否则就要进行继续归化，其归化值为

$$S_P = \frac{S_a \cdot S_b \cdot \sin\gamma}{L} \tag{9-9}$$

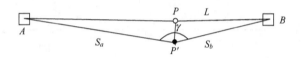

图 9-15　归化法定线

由于式（9-9）中的 γ 角接近 180°，故 $\Delta\gamma=180°-\gamma$ 为小角度，所以上式可转化为

$$S_P=\frac{S_a \cdot S_b}{S_a+S_b} \cdot \frac{\Delta\gamma''}{\rho''} \tag{9-10}$$

利用归化值将 P' 点调整到 P 点，再测 γ 角直到 $\Delta\gamma$ 满足设计规定的限差要求为止。这种方法确定归化值的精度要比将全站仪放在端点测小角来计算归化值的精度高，符合精密设备安装测量要求。

9.5　三维工业测量

精密设备安装测量即对大型机械和设备根据规定的精度和工艺流程将其安置到设计的位置、轴线、曲面上，同时在设备运转过程中进行必要的检测和校准。这种测量工作称为三维工业测量。

随着科学技术的发展，人类不断向数字化、自动化、高科技方向发展，设备安装的精度要求越来越高，服务范围也越来越大。例如，高能粒子加速器磁铁安装准直，大型水轮发电机组安装调试，核电站反应堆内部压力器安装定位，以及民用客机整体安装等。涉及的服务领域多、部门广，工艺和精度也各不相同，因此对安装测量提出了更高的要求。针对不同的服务对象，安装测量涉及的测量仪器和方法也各不相同，特别需要使用一些专用的测量工具。在测量难易程度、作业条件和测量时间的长短等方面也存在很大差异。有些安装测量的精度可能达到计量的极限，安装和检校工作伴随着工程建设的全过程。

目前，工业测量系统按硬件一般分为经纬仪交会测量系统、极坐标测量系统（包括全站仪测量系统、激光跟踪测量系统、激光雷达/扫描测量系统）、摄影测量系统、距离交会测量系统和关节式坐标测量机五大类。按其测量原理可分为：极坐标、角度前方交会、距离前方交会和空间支导线等。

经纬仪交会测量系统是由两台以上高精度电子经纬仪构成的空间角度前方交会测量系统。它是在工业测量系统领域应用最广泛的一种系统。经纬仪空间角度前方交会测量原理如图 9-16 所示。坐标测量前，首先要确定 A、B 两台经纬仪在空间的相对位置和姿态，称为系统定向。系统定向完成后，可进行实时坐标测量。A、B 两台经纬仪同时观测待测点 P，可获得 4 个角度观测值 α_1、β_1、α_2、β_2，经过数据处理可得到 P 点的三维坐标。由于此法有一个多余观测值，可以对测量结果进行质量控制，从而保证测量结果的高精度和可靠性。

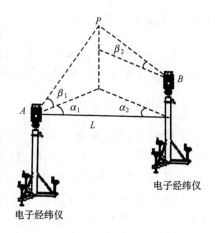

图 9-16　经纬仪空间角度前方交会测量原理图

极坐标测量系统的硬件是全站仪、激光跟踪仪和激光扫描仪，测量原理为极坐标法，只要测量一个斜距和两个角度（一个水平角、一个垂直角），就可以得到待测点的三维坐标。

摄影测量系统在工业测量中的应用一般称为近景摄影测量、非地形摄影测量等。近景摄影测量通过两台高分辨率照相机对被测物体同时拍摄，得到物体的 2 个二维影像，经计算机图像匹配处理后可得到精确的三维坐标。

距离交会测量系统是通过距离交会测量得到三维坐标的测量系统。由于高精度全站仪的应用，距离交会测量可得到更高的精度，而且操作简单，自动化程度高，尤其在中、长距离测量中有突出的优越性。

关节式坐标测量机是利用空间支导线的原理而实现三维坐标测量。它也是非正交系坐标测量系统中的一类。这种方法受观测环境和条件的影响相对少，布设方便、灵活。

工业测量系统软件是工业测量系统的重要组成部分和系统应用的关键。针对不同的测量系统，国内外已有多种商业化的系统软件。虽然各系统的硬件和观测方法不同，而且应用领域也有所区别，但各种软件的基本功能大部分是相同的。

9.6　核电站建设设备安装测量的实践

核电站建设的安装测量是核电站建设过程中的关键性工作。反应堆内设备安装定位的质量对核电安全运行起着重要作用。其测量环境突出，观测条件差，而且精度要求特别高。这对测量人员的素质、能力、测量仪器和测量方法都提出了更高的要求。核电设备安装测量程序和一般安装测量基本一致，先在反应堆内布设微型控制网（详见第 2 章），然后利用控制点进行设备安装测量。在核电站反应堆内的设备安装测量中，最有核电特色的是环形吊车、压力容器、主泵、蒸发器、装卸料机等的安装测量。

9.6.1　环形吊车的安装测量

环形吊车由牛腿、环梁、轨道和运输小车组成。需要测量的有牛腿和环梁的定位、轨道的水平测量及设计负载条件下的挠度。

1. 牛腿的安装测量

环形吊车标高约为 40m，设计要求牛腿安装的精度为：环向误差不大于 2mm，径向误差不大于 ±3mm，标高精度为 ±5mm，水平度要求不大于 ±2mm。

在放样各个牛腿的中心线时，将全站仪安置在 +5m 处的环吊中心点上，利用十字轴线定向，将设计的角度值放样到钢衬里上，根据牛腿的形状和尺寸在钢衬里上开孔，将牛腿安装到钢衬里上后，再对牛腿上的中心线进行观测，检查安装定位是否达到环向精度要求，并进行调准。

在确定环形吊车的旋转半径时，首先在 +6.5m 处以环吊中心点为圆心，在钢衬里上放样出 0°、90°、180°、270°四个牛腿的中心线，并焊上槽钢，在槽钢上放出中心线，刻上十字标记，在四个槽钢的正上方约 50～60cm 处再各焊一根槽钢，同时在槽钢上开一个直径为 5～6cm 的小圆孔用于固定仪器，精密测量中心点到十字标志点的斜距，并换算为水平距离。在上槽钢上安置全站仪，使对中十字丝精确对准下槽钢的十字标志中心，并换上直角目镜，用三个位置将十字标志中心投到 +40m 处槽钢的下表面，并取三个点的中心，用锤球将四个点引到其下方的槽钢上，然后在四个点间测量距离，并进行调整，确保精确定位。再利用这四个点对牛腿进行径向定位。用直径方向的两个点对其他牛腿进行角度交会来确定其位置，用另外两个点对定位进行检查，使定位误差径向小于 ±5mm，环向误差小于 ±2mm。在牛腿定位安装完成后，测出每个牛腿的水平度，测点为牛腿上的四个角点，测量方法必须满足误差小于 ±2mm 的要求。

2. 环梁和轨道的安装测量

此项测量工作利用牛腿上的中心点和焊后所测的数据先将环梁进行初步定位，然后利用所测的四个点对环梁进行放样。接着将轨道中心点放样在环梁上，要求放样点与环梁中心点之间的偏差不能大于 ±2mm。此项工作完成后，要测出整个环梁的水平度，确保环梁的安装精度达到 ±2mm 的水平度要求。

环梁安装调整后，利用环梁上的轨道中心点安装轨道，此项测量工作同样要确保轨道达到 ±2mm 的水平度要求。

3. 设计负载下的大梁挠度测量

负载条件下的挠度测量是测出大梁在负载达到设计值时的弯曲变形量。具体方法是将水准仪架设在环梁上，在空载条件下，观测立在大梁上的几根水准标尺，并记录读数；接着在负载达到设计值和吊车运行时，分别在水准尺上读数，最后根据这些读数可得到负载条件下的大梁挠度。

9.6.2　压力容器的安装测量

压力容器安装包括环形支座和压力容器自身安装两部分，二者的安装定位精度要求一致，达毫米级，水平度要求达亚毫米级。具体安装测量方法如下：

1. 环形支座的放样

环形支座标高约+4.3m，它与反应堆内环形控制网不能直接通视，给测量带来很多困难。放样时首先利用环形控制网在+18m 平台上放出轴线点，并计算出轴线点坐标。为确保观测结果的准确性和可靠性，通常要进行重复测量和改正，保证点位达到理想的设计位，然后将轴线投放到环形支座周围的墙体上。在环形支座初步定位后，利用反应堆中心的台架，将全站仪架在两条轴线的交点上，并进行严格整平、对中，观测环形支架上的四个轴线点，算出各点的坐标，利用观测值对环形支座点位进行调整，达到设计的要求。

环形支座的标高和水平度，通常应用精密水准仪 N_3 进行观测，为了避免仪器 i 角的影响，将水准仪架在中心台架上进行观测，各测点选在环形支座的工作面上，可达到良好的效果。

2. 压力容器的安装测量

在环形支座安装好后，就可以对压力容器进行初步定位，此时由于反应堆施工的需要，中心台架已经不存在，安装测量只能用环形控制网来进行。先在+18m 平台上放出设计好的 A、O、B 三点，然后进行精密测量，常用角度交会法、距离交会法和角边交会法等多种方法进行测量，并计算出三点的坐标，当几种方案观测结果的坐标互差小于 0.5mm 时，取其平均值作为最后的结果，并用向下投点仪将三点投放到压力容器的保护盖上。将全站仪架在 O 点上，利用前面所作的轴线来检查放样点的准确性。然后测出压力容器上的轴线与理论位置的偏差，达到设计要求时，供压力容器调整用。

在制造时，压力容器的保护盖板上设置了三个供测量标高和水平度的标志，三点呈正三角形。将 N_3 水准仪设置在压力容器保护盖上的中心位置，观测时标尺采用水准仪配套的铟钢水准尺，并用架子固定在测点上。为了保证观测的准确性，在仪器和标尺固定不动的情况下，采用多人观测，在观测值相差不超过 0.05mm 时，取平均值作为最后的结果，供加工垫片使用。

在安装完成后，对压力容器的定位和水平度必须进行检查，确保精度稳定、可靠，万无一失。

9.6.3　主泵、蒸发器的安装测量

核电站的主泵、蒸发器设置在反应堆内的 O 平面上，定位精度为 $\pm 2mm$。

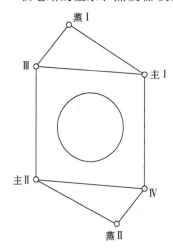

图 9-17　主泵、蒸发器专用控制网

在安装时，反应堆的几何中心已经不存在了，放样只能用 +20m 上的环形控制网。由于环形控制网点与 O 平面高差大，而且反应堆内各种构筑物多，不能直接通视，必须先在 O 平面上建立专用的平面网，如图 9-17 所示。

建立专用控制网时，首先用环形控制网放出两个主泵中心点，放样时利用多种方案进行精密测量，并计算各方案的观测点坐标。当各观测方案的坐标值互差不超过 0.5mm 时，取平均值作为最后的观测成果。然后用 Wild 厂的向下投点仪将所放的主泵中心点投放到 O 平面上，作为控制网的已知点。专用网通常为边角全测网。边长采用铟钢基线尺进行往返测量，三次读数限差为 0.3mm，往返测限差为 0.3mm。由于各点高差极小，不作高差改正，只作温度和尺长改正。

由于专用控制网是一个极微型网，最长边不到 13m。对于这种极微型网测量，仪器对中误差和觇牌的偏差对测角精度影响很大。为了减少这两项误差的影响，提高测角精度，采用两台全站仪指挥法将觇牌安置到各点位上，并用三联脚架法进行观测。测角用 2″ 仪器观测四测回，测回互差为 ±5″，测角中误差为 +2.0″。按严密平差求各点坐标，考虑到已知点的误差影响，最弱点精度为 ±0.95mm。

专用控制网建好后，放样时，首先将主Ⅰ、主Ⅱ、蒸Ⅰ、蒸Ⅱ的点位精确放到设计位置，并精确放出主泵和蒸发器的中心位置，然后利用已定的中心点位置放出主管道和支撑的安装中心线。安装定位后要进行复测或检测，确保各放样点达到设计的位置。

9.6.4　装卸料机的安装测量

反应堆内的装卸料机是在计算机控制下自动完成核燃料装卸的机械设备。设计要求装卸机轨道与压力容器轴线的平行度在工作区内误差不大于 0.5mm，轨

道的水平度误差不大于 0.25mm，二根轨道不平行度不大于 0.5mm，轨道不直度不大于 1mm。

为了使轨道定位和安装达到设计要求，常采用的测量方法如下：先在两根工字钢的中间位置刻线作为标记，然后用 3m 大游标卡尺在两根工字钢上由刻划线向两端各量 3.5m，并刻线作为标记。轨道轴线定位如图 9-18 所示，先用经纬仪在轨道平台上放出 c'、d'、e'、f' 四个点，然后在 a 点安置经纬仪指挥 b 点上方向的工字钢移动，使中间刻线标记正好位于过 ab 线的铅垂面上，同时使 d'、f' 两点位于工字钢的同一边沿上。再用同样的方法安置好 a 点上方的工字钢后，在轨道平台上用两台经纬仪相互定线的方法将两台仪器分别安置在 c、d 点上，在 cd 延长线上放出轨道中心线 AA。用同样的方法可以放出另一条轨道中心线 BB。

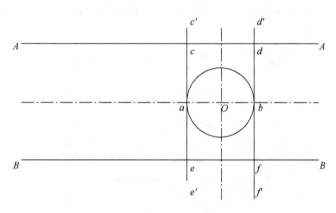

图 9-18　装卸料机轨道定位测量方案

装卸机轨道由多段钢轨组成，在轨道安装定位时，必须保证直线度的设计要求。直线度的调整是在轨道初步定位后进行的，如图 9-18 所示，在 df 线的端点安置经纬仪，离此经纬仪约 2.5m 处的轨道上卡上游标卡尺，在卡尺上方再架一台经纬仪，用端点经纬仪指挥卡尺上方经纬仪移动，使其精确安置在游标卡尺的一刻划线上。然后在轨道另一端卡上游标尺，用精确安置的经纬仪定出一条与轨道中心线平行的直线，然后在测点上卡上游标尺，用经纬仪读数即可测出轨道的直线度。在测直线度时必须注意，无论应用经纬仪还是直线仪，游标卡尺的刻划必须朝向同一方向，便于观测。

9.6.5　反应堆穹顶吊装施工测量

反应堆穹顶是核电反应堆的重要组成部分，通常称为安全壳。反应堆穹顶内径一般为 37m，高为 11.05m，分 4 层拼装而成。穹顶内部有 98 个锚固定点，13

个节装点。整个穹顶的重量为 143t，安装高度为 44.83m，安装精度为±5mm。由于穹顶体积大、重量大、结构复杂，安装点相对高差大，精度要求高，是核电工程施工和测量难度最大的工程之一。必须认真准备，精心测量。

1. 吊装施工控制测量

为了将重 143t、高 11.05m 的穹顶一次准确无误地吊装到 40 多米高的反应堆顶部，必须建立高精度的工程控制网，并采用独立坐标系统。一般以反应堆中心作为坐标原点，以反应堆主十字线方向为起始方向，在反应堆周围布设一个小型的高精度边角网。图 9-19 为我国某核电站反应堆施工控制网。采用 DI2002 全站仪观测，水平角测 3 个测回，边长往返观测取平均值。平差结果点位最大误差为±1.2mm，满足工程控制网精度不低于±1.5mm 的要求。为防止坐标值出现负数，假设反应堆中心坐标 $X=4000\text{m}$，$Y=7000\text{m}$。

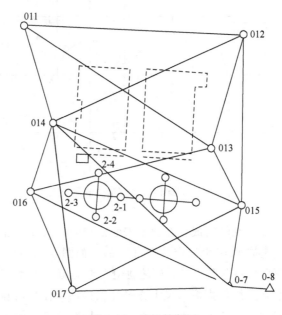

图 9-19　施工控制网

2. 穹顶拼装场地和重型吊车基础定位

穹顶拼装好以后，在吊运、安装过程中，要求一次准确到位。由于重型吊车的原因，在吊装过程中没有调节的机会，增大了吊运、安装的难度。必须先进行图上设计，确定重型吊车的中心坐标和穹顶中心坐标，同时充分考虑起重臂的回转半径，并顾及起吊时不与其他厂房和建筑相撞，保证穹顶顺利到位。吊车在起吊过程中，穹顶本身不可能旋转，只能由吊车臂的摆动而使其移动。为了保证穹顶与反应堆钢衬里正确对接，即零方位完全重合，重合点的最大误差应小于±5mm。因此，必须计算穹顶在地面组装时零方位与反应堆零方位的夹角。以我国某核电站 1 号反应堆为例，设计穹顶中

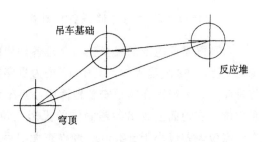

图 9-20　穹顶吊装现场略图

心坐标 $X=3934.910$m，$Y=6950.440$m，距反应堆中心距离 73.696m；重型吊车中心坐标 $X=3946.396$m，$Y=6955.500$m，距反应堆中心距离 51.800m。反应堆、吊车、穹顶三者在吊装前的地面相对位置如图 9-20 所示。

设计结束后，利用吊装施工控制网，精确放出穹顶中心和吊车中心的位置。在检查确认无误后，以穹顶中心为圆心，以穹顶半径 18.5m 为长度，放样穹顶第一层下口内边线。根据穹顶零方位与反应堆零方位的夹角，确定穹顶位置。然后以零方位的十字中心线为基准线，确定另一条十字中心线，将圆分为 0°、90°、180°、270°四条方位线，并以零方位线为起始，每隔 4°48′放样 1 个穹顶支撑点，共 75 个。每个支撑点上浇筑高出地面 0.500m 的支撑墩。为了使工作人员及材料有一个入口处，一般少浇筑 1 个，实际浇筑 74 个支撑墩。整个浇筑过程中，用精密水准仪操平，保持 74 个支撑墩平面在同一高程面，限差为±0.2mm。然后重新将穹顶第 1 层下口边内线放样到每一个支撑墩上，以便进行逐层拼装。

3. 穹顶各层标高和半径的测定

穹顶是异地制造后运到实地的，穹顶顶部为半球形，各层半径不完全相同。穹顶各层标高与半径的测定，目的是检查各部位是否符合设计要求并保证其按设计要求拼装。若某一项指标超过限差，可在现场进行切割或焊接等工作，因此对测量工作要求很高。穹顶的标高（高度）测量是假定各支撑墩的上表面为零点，相当于穹顶下口标高为零，实际上穹顶吊装以后下口标高为 44.830m。穹顶钢衬里第 1 层上口标高（高度）为＋4.317m，第 2 层上口标高为＋8.700m，第 3 层上口标高为＋10.863m，第 4 层顶面的标高为＋11.050m。各层上口标高均在钢衬里拼好后，采用精密水准仪和悬挂标准钢尺测定。钢尺采用 TAMAGO 铟钢尺，钢尺下悬挂标准重量 15kg，使其自由悬挂。每层钢衬里上口测量 15～20 个点，将全站仪设在穹顶的中心点上，测定穹顶各层的半径，钢衬里第 1 层至第 3 层上口半径分别为 16.667m，10.353m 和 2.977m。观测结果按规范要求进行一系列改正，各观测量高程之差应小于±4mm。

4. 穹顶内部构件的定位和安装测量

穹顶既是反应堆的安全壳，又是各种构件和设备的悬挂点或安装处。穹顶的钢衬里上有 98 个锚固体，其中 43 个为贯穿锚固体。因为整个穹顶是个曲面，定位难度大，一般先在穹顶安装地面中心点架设测量仪器，按各锚固体的设计半径和方位，在地面上放出各锚固体的投影点位，并通过各点间的几何关系进行检查，点位误差应小于 ±2mm。经检查无误后，各投影点位在地面作出明显标记，并绘出点位图。待各锚点所在的层位钢衬里拼装好后，用投点仪分别将地面点垂直投影到各层钢衬里上。锚固体定位后，还需要重新复测一次，以检查其实际位置的准确性。

锚固体确定以后，接着进行穹顶内部管道支架的安装测量。管道支架附于各锚固体上，放样方法与锚固体大致相同，仍将仪器安置在穹顶地面中心点上，根据支架点的各个参数，将各支架点放样到地面上，与锚固点不同的是，各支架点的定位由三维参数确定，即方位、半径和高程。这样放样在地面上的支点点位，除了用投点仪垂直投影到穹顶钢衬里内表面外，还需要用精密水准仪检查相对高差，确保精度的可靠性。

习题与思考题

1. 精密设备安装测量与常规测量相比有哪些特点？
2. 精密设备安装测量的基准和控制网有哪几种形式？各有何特色？
3. 反应堆内的微形控制网有何特殊之处？如何布设？
4. 精密定线目前有哪几种方法？
5. 什么叫三维工业测量？三维工业测量通常分为几个系统？
6. 核电站建设的设备安装测量与常规设备安装测量有何不同？
7. 掌握核电站的主要设备安装测量方法和精度要求。

第10章 变形监测技术与数据处理

10.1 概 述

1. 变形监测的基本概念

变形监测是测定建筑物和大型设备在施工过程与运转过程中在荷载或外力的作用下随时间的变化而产生的空间位置变化。变形监测是测量变形体的变形量，如果变形量在一定的范围内则被认为是允许的，超过允许值，则可能危害建筑物和设备的正常使用，如不及时发现和处理，就可能产生灾害，给社会和人民生活带来巨大损失。

所谓变形监测就是利用测量技术和专用仪器对变形体进行监测。变形监测需要在不同的时期多次进行，从历次观测结果的比较中，了解变形体位置的空间状态和时间特征。变形监测是监视被监测物体在各种应力作用下是否安全的重要手段，其成果也是验证设计理论和检验施工质量的重要资料。

变形监测的点位分为控制点和变形点，控制点又分为基准点和工作点。基准点是设立在变形体外围的相当稳定的点。变形点设立在被监测物体上，其位置变化对该物体具有代表性。工作点可与基准点联测并靠近被监测物体的变形点，因而便于进行观测。变形监测即观测变形点相对于基准点的变化量。从变化量的大小和时间特征可确定变形体的变形状态及变形速度，便于及时处理。

2. 变形监测的主要内容

变形监测主要包括水平位移、垂直位移（沉降）、倾斜、挠度、裂缝等观测。主要是对变形体自身形变和位置的移动进行及时、准确地监测。水平位移是监测点在平面上的变动，它可分解为某一特定的方向，垂直位移是监测点在铅垂面或大地水准面法线方向上的变动。倾斜、挠度等也可归纳为水平和垂直位移。

变形监测除了上述（几何量）监测内容外，还包括与变形有关的物理量的监测，如应力、应变、气压、水位（库区水位、地下水位）、渗流、渗压、扬压力等的监测。

在精密工程测量中，最有代表性的变形体有大坝、桥梁、高层建筑物、防护堤、边坡、隧道、地铁、巨型机械设备、高速运输体的轨道基础沉降等。

3. 变形监测的特点

变形监测是测量工作的组成部分，其观测方法与常规测量有许多相同之处，但就其监测的目的、意义、使用的仪器和观测环境概括起来变形监测有以下特点：

(1) 变形监测要进行周期性观测。所谓周期性观测就是按一定的观测时间间隔进行重复测量，而且测量方案、使用仪器、作业方法和观测人员都要求一致。

(2) 观测精度要求高，尤其是大型设备和特种精密工程要求更高。不同周期观测量的微小变化，都是重要的变形信息，关键部位要立即进行重复测量，确定变量的可靠性。

(3) 采用的仪器精度高，可靠性强，而且要求在恶劣环境下能稳定地工作。

(4) 变形监测是周期性工作，数据记录要准确，资料保存要安全、可靠，不能有遗漏或丢失现象。

(5) 为了适应现代工程建筑物的规模、造型和难度对变形监测提出的更高要求，许多变形监测仪器都实现了自动化、智能化。变形信息获取的空间分辨率和时间分辨率都有很大提高。

10.2　常规变形测量方法

常规的变形测量方法主要指用高精度的测量仪器，如经纬仪、测距仪、水准仪、全站仪，测量角度、边长和高差的变化来测定被测物体的变形，这些是目前变形监测的主要手段。地面变形监测方法有前方交会法、距离交会法、角边交会法、极坐标法、视准线法、小角度法、测距法，以及几何水准测量法和测距三角高程法等。这些方法各具特色，前方交会法、距离交会法、角边交会法、极坐标法主要用于监测变形体的二维水平位移；激光准直法、准线法、小角法、测距法主要用于监测变形体的单向位移；几何水准法和测距三角高程法主要用于监测变形体的垂直位移。变形监测方法的选择，应根据被监测体的精度要求、观测环境和已有的仪器而定，但必须满足变形监测的各项要求和技术指标。常规的变形监测方法具有如下优点：

(1) 操作简单，使用方便，适用性强，监测范围广。

(2) 能及时提供变形体的变形状态，监测面积大，可有效地监测确定变形体的变形范围和绝对位移量。

(3) 观测量通过组成网的形式可以进行结果校核和精度评定。

(4) 灵活性大，能适应不同精度要求、不同形式的变形体和不同外界条件。

10.3　摄影测量方法

1. 基本概念和特点

摄影测量方法测定工程建筑物、构筑物、滑坡体等变形体的变形时，在变形体周围选择稳定的点，在这些点上安置摄影机，并对变形体进行摄影，然后通过内业量测和数据处理得到变形体上目标点的二维或三维坐标，比较不同时刻目标点的坐标，便可得到它们的位移量，用摄影测量方法进行变形监测，与其他观测方法相比有如下特点：

（1）不需要接触被监测的变形体。

（2）可同时测定变形体上任意点的变形。

（3）外业工作量小，观测时间短。

（4）摄影影像的信息量大，利用率高，可对变形前后的信息做各种后处理，通过底片可观测到变形体任一时刻的状态。

（5）摄影仪器费用较高，数据处理对软、硬件的要求也比较高。

2. 摄影测量的变形监测方法

1）固定摄站的时间基线法

时间基线法也称伪视距法，是把两个不同时刻所拍的像作为立体像对，量测同一标像点的左右和上下视差，这些视差乘以像的比例尺即为目标点的位移量。这种方法只能测定变形体的二维变形，但不能测定目标点沿摄影机主光轴方向的位移。如图 10-1 所示，图中 S 为摄影机中心，$SXYZ$ 为物方坐标系，第一期观测时，目标点 A 成像于 a，设 x、z 为像点 a 在像坐标系中的坐标，f 为摄影机焦距。利用简单的几何关系便可得出目标点 A 的坐标为

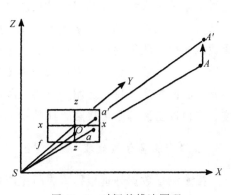

图 10-1　时间基线法原理

$$\left.\begin{array}{l} X=\dfrac{Y}{f} \cdot x = M_x \\[2mm] Z=\dfrac{Y}{f} \cdot z = M_z \end{array}\right\} \tag{10-1}$$

式中，Y 为 A 点的 Y 坐标；$\dfrac{f}{y}=\dfrac{1}{M}$ 为像的摄影比例尺。第二期观测时，目标点

移动到 A'，成像于 a'，其像坐标为 x'、z'。由上式可得到目标点的位移量

$$\Delta X = X' - X = \frac{Y}{f}x' - \frac{Y}{f}x = \frac{Y}{f}\Delta x = M\Delta x \tag{10-2}$$

$$\Delta Z = Z' - Z = \frac{Y}{f}Z' - \frac{Y}{f}Z = \frac{Y}{f}\Delta Z = M\Delta Z \tag{10-3}$$

2）立体摄影测量方法

立体摄影测量根据光轴与摄影基线的相对位置不同，其摄影方式分为正直摄影、等偏摄影、交向摄影和等倾摄影。正直摄影时像对的两摄影光轴水平相互平行，而且都垂直于摄影基线方向。等偏摄影时像对的两摄影光轴水平相互平行，而与垂直于基线的方向偏开一定的角度。交向摄影时像对的两摄影光轴水平相交一定的角度。等倾摄影时两摄影机的光轴相对于水平方向倾斜一个相同的倾角。在变形监测中，应用较多的是交向摄影。

3）数字近景摄影测量

传统的摄影测量多是模拟"人有双眼"，利用一条基线、两张影像所构造的立体像对（单基线立体）。而多基线近景摄影测量 lensphoto 则是基于摄影测量专家张祖勋院士最新提出的以计算机视觉原理（多基线）代替人眼双目视觉（单基线）传统摄影测量原理，从空间一个点由两条光经交会的摄影测量基本法则变化为空间一个点由多条光线交会而成的全新概念，并研发产生的一套全新的数字近景摄影测量系统。多基线近景摄影系统能对普通单反数码相机获得的影像，完成从自动空三测量到测绘各种比例尺的线划地形图（DLG）的生产，以及对普通数码相机所获得的近景影像完成三维重建，同时也可以直接由地面摄影的数字影像中获取测绘信息。数字近景摄影测量系统在经济建设、国防建设和科学研究中有广泛的用途，特别适用于重要工程的变形和自动生产线的监测，弹体运动轨迹、炮口冲击波等不可接触物体的量测等。

3. 摄影测量数据处理

摄影测量数据处理根据摄影时摄影机的内外方位元素是否已知，分为空间前方交会法、空间后交-前交法、严密解析法和直接线性变换法。这些方法很多书籍中均有详细介绍，这里仅给出直接线性变换法的数学模型。

直接线性变换（DLT）是从坐标仪量测的坐标直接变换至物方空间坐标，从而省去了从坐标仪坐标转换至像坐标的中间步骤。这种方法最初用于处理非量测相机所摄的像，现在也广泛用于处理量测相机所摄的像。

设 $\bar{x}$、$\bar{z}$ 为像点的坐标仪坐标，相应的目标点的物方空间坐标为 X、Y、Z，直接线性变换法表示为

$$\left.\begin{aligned}
\bar{x} &= \frac{L_1 X + L_2 Y + L_3 Z + L_4}{L_9 X + L_{10} Y + L_{11} Z + 1} \\
Z &= \frac{L_5 X + L_6 Y + L_7 Z + L_8}{L_9 X + L_{10} Y + L_{11} Z + 1}
\end{aligned}\right\} \tag{10-4}$$

式中，$L_1 \sim L_{11}$ 为 DLT 系数。当 DLT 系数已知时，在一个立体像对上，对于每一个目标点可以列出 4 个观测误差方程，用最小二乘法解算目标点的三维坐标。当 DLT 系数未知时，需在物方空间中布设控制点，用它们来解算系数。每一个控制点可以列出两个方程，要解算 11 个未知系数，至少需要 6 个控制点。控制点应避免布设在一个平面上，以保证系数解算的精度。

4. 常用摄影机

变形监测摄影测量所用的摄影机有量测相机和非量测相机两种。量测相机是专门为近景摄影测量制造的摄像机，在像框上设有框标；非量测相机则是一般使用的摄像机。非量测相机适用于各种摄影条件且价格低廉，它的缺点是内方位元素一般不知，而且不够稳定，同时镜头畸变比较大。尽管非量测相机在结构上有上述不利因素，但由于计算机技术的应用，这些不利因素可通过测量方案的设计和严密的数学处理来克服。目前非量测相机进行摄影所达到的精度已接近于量测相机所能达到的精度。

5. 摄影测量方法的精度

摄影测量的精度主要取决于像点坐标的量测精度和摄影测量的几何强度。像点坐标量测精度主要与摄影机和量测仪的质量及摄影材料的质量有关。摄影测量的几何强度主要与摄影站和变形体之间的关系及变形体上控制点的数量和分布有关。显然控制点的密度大，网形结构好，精度就高，但工作量会增大。在数据处理中采用严密的光束法平差，将外方位元素、控制点的坐标及摄影测量中的底片形变、镜头畸变等系统误差作为观测值或估计参数一起进行平差，也可进一步提高变形体上被测目标点的精度。目前摄影测量的硬件、软件发展都很快，像坐标精度可达 $2 \sim 4\mu m$，目标点的精度可达到摄影距离的 10^{-6}。这种精度可达到大型建筑物和精密设备变形监测的精度要求。所以近几年来，摄影测量技术在变形监测中得到了广泛的应用。

10.4　GPS 变形监测及自动化系统

GPS 的产生和应用是测量技术的一项革命性变革。在变形监测方面，应用 GPS 与传统方法相比，不仅具有精度高、速度快、操作简便等优点，而且利用

GPS 和数据通信技术、计算机技术及数据处理与分析技术进行集成，可实现从数据采集、传输、管理到变形分析及预报自动化。

1. GPS 变形监测的特点

（1）测站间无须通视，只要测站上空开阔，而且网形和边长没有特殊的要求，监测点位布设灵活、方便，可减少不必要的过渡点，既节约时间又节省费用。

（2）可同时提供监测点的三维位移信息，克服了传统的平面位移和垂直位移采用不同方法监测的麻烦，而且监测周期短，工作量少。

（3）全天候观测。GPS 测量不受气候条件的限制，若配备防雷设施，GPS 变形监测可实现长期的全天候观测，对防汛抗洪、滑坡、泥石流等地质灾害监测等应用领域极为重要。

（4）监测精度高。GPS 相对定位精度可达 1×10^{-6}，点位精度可达 $0.5 \sim 2.0 \mathrm{mm}$。

（5）操作简便，易于实现自动化。随着 GPS 的发展和通信技术、计算机技术的应用，可实现从数据采集、传输、处理、分析、报警到入库全自动化。

2. GPS 变形监测自动化系统

GPS 变形监通常分为周期性监测模式和连续性监测模式。GPS 周期性变形监测模式与传统的变形监测网相类似，这里不重复。在此，主要介绍 GPS 连续监测模式。

1）数据采集

GPS 数据采集分为基准点和观测点。为了提高变形监测的精度和可靠性，根据被监测体的形状、大小和精度要求，一般选择 2～3 个基准点。基准点的地质条件要好，点位要求稳定，受施工等外界环境影响小，而且满足 GPS 观测条件，尽量避开高压线、微波站等强磁场干扰，同时，应便于保存。

点位确定之后方可进行观测。为了确保精度和可靠性，通常除了执行国家有关规范外，还要求基准点和监测点同步观测。基准点至少需要两台 GPS 接收机，监测点则需要更多的 GPS 接收机。这种方法实践证明能达到较好的监测效果，但设备费用较高。为了解决此类问题，许多学者已研究应用多天线 GPS 和多种传感器集成进行变形监测，达到了很好的效果，而且可实现遥控。一般一台 GPS 主机，可配备 8～12 根天线，同时减少了费用。

2）数据传输与数据处理

GPS 监测数据传输根据现场条件，通常采用有线（监测点观测数据）和无

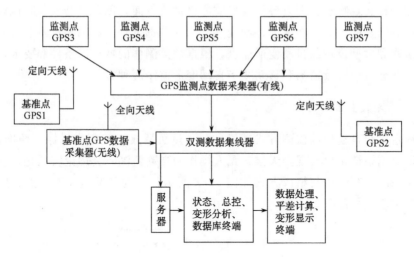

图 10-2　*GPS* 自动监测系统网络结构

线（基准点观测数据）相结合的方法传输，网络结构如图 10-2 所示。

　　整个系统有多台 GPS 接收机同时工作，根据变形监测的技术设计进行长期连续观测。对于大坝或重点工程进行变形监测，一般在 365 天内连续观测，并实时将观测资料传输至控制中心，进行处理、分析和储存。系统反应时间小于 10分钟（是指每台 GPS 接收机从传输数据开始，到处理、分析和变形量显示所需的总的时间）。为此，必须建立一个局域网，并具有完善的软件管理、监控系统。

　　3）监测精度

　　采用 GPS 变形监测系统可实现监测自动化，应用广播星历 1～2 小时 GPS观测资料解算的监测点位水平精度优于 ±1.5mm（相对于基准点），垂直精度同样优于 ±1.5mm。6 小时 GPS 观测资料解算水平精度和垂直精度均优于 ±1mm。完全满足大型工程和巨形设备变形监测的精度要求。

10.5　测量机器人在变形监测中的应用

　　测量机器人或称测地机器人，是一种能代替人进行自动搜索、跟踪、辨识和精确照准目标并获取角度、距离、三维坐标及影像等信息的智能型全站仪。目前，具有代表性的智能全站仪是徕卡公司的 TCA2003，标称精度为（0.5″，1mm＋1×10⁻⁶D）。这类仪器是在全站仪基础上集成步进马达、CCD 影像传感器构成的视频成像系统，并配有智能化的控制及应用软件。测量机器人通过CCD 影像传感器和其他传感器对测量目标进行识别，迅速作出判断和推理，实现自我控制，并自动完成照准、读数、记录等操作，完全代替人的手工操作。

在工程建筑物和大型设备的变形监测自动化方面，测量机器人与其他监测方法相比有明显的优势，将成为自动变形监测的首选设备。利用测量机器人进行工程建筑物和大型设备的自动变形监测，根据被监测体的特点、条件和要求，常采用固定式全自动持续监测和移动式半自动变形监测两种方式。

1. 固定式全自动持续监测

固定式全自动持续监测方式基于一台测量机器人，配合作目标（照准棱镜）的变形监测系统，可实现全天候、无人操作的自动监测，其理论实质是自动极坐标测量系统，其结构与组成方式如图 10-3 所示，分为基准点、参考点、监测点和控制中心四个部分。

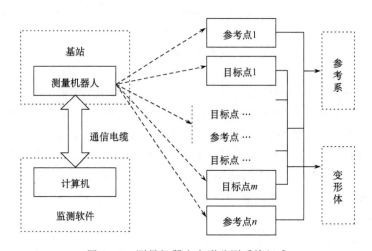

图 10-3　测量机器人变形监测系统组成

1）基准点

基准点是极坐标系统的原点，也是架设测量机器人的基点，要求有良好的通视条件并牢固稳定，视线应离平行大形物体（墙体）远于 1m（防止旁折光的影响），而且点位应远离高压线等强磁场以防止干扰。

2）参考点

参考点已知三维坐标，应位于变形区域外围稳定处，并在参考点上设置强制归心装置。参考点应根据被监测工程的范围和大小确定点数，一般要有 3～4 个参考点，要求能覆盖整个变形区。参考系除了提供方位外，还为数据处理提供距离和高差差分基准。

3）监测点

监测点应均匀布设在变形体上或变形体的关键部位，并能反映变形体位移的真实情况，其设置应便于安置合作目标。

4）控制中心

控制中心由计算机和监测软件组成，通过通信电缆控制测量机器人进行自动变形监测，可直接设置在基准点上。若要进行长期的无人守值监测，应建专用机房，以防风雨等外界因素的干扰。

固定式全自动变形监测系统可实现全天候、无人守值的变形监测，具有高效、准确、实时和自动化等特点。但其也存在不足之处，主要有以下几个方面：①没有多余观测量，测量精度随着距离的增大而显著降低，而且不易检查发现粗差。②系统所需要的测量机器人等相关设备因长期固定而需要采取特殊的保护措施，以防止仪器受损坏。③投资大且测量机器人等昂贵的仪器设备只能在一个变形监测项目中应用，没有很好地发挥仪器的效益。因此，采用移动式半自动变形监测系统就能很好地克服上述不足。

2. 移动式半自动变形监测

移动式半自动变形监测系统的应用与传统的变形监测方法一样，在各观测墩上安置整平仪器，输入监测点号，并进行必要的测站设置，后视已知目标后，测量机器人会按照预置在机内的监测点顺序、测回数自动寻找目标并精确照准、记录观测数据，计算各种限差，同时可自动进行超限重测。完成一个测站工作之后，人工将仪器搬到下一个观测墩上，重复上述工作，直至所有的外业工作完成。这种移动式监测模式可减少观测者的劳动强度，而且观测成果精度更高。

3. 测量机器人的应用

测量机器人已在大坝、山体滑坡、跨江大桥等方面进行了试验和应用，实践证明，基于测量机器人的变形监测系统具有高效、全自动、准确、实时性强、操作简单、使用方便等特点，特别适用于小区域（1km²）或大型建筑物、机械设备的变形监测，可实现全自动、无人守值的变形监测。测量机器人代表了新世纪测量技术的发展方向，也是实现测量工作现代化、自动化的重要途径。测量机器人将在精密工程测量、三维工业测量及变形监测自动化领域广泛应用。例如，在三峡、小浪底、二滩等大坝和跨江大桥的变形监测中都应用了 TCA2003 测量机器人进行全自动的变形监测，其成果优于常规的变形监测方法。

10.6　传感器自动变形监测技术

传感器是一种测量器件，它能把所测的物理量，如位移、角度、温度、应力等转换成相对应的电信号输出，以满足信号传输、处理、记录和控制的要求。变形体有些处在特殊的环境和空间，如核电站、高能粒子加速器等的某些部位，也有些处在污染严重或容易崩塌的危险区，使用常规的监测方法，不但观测难度大、精度低，而且危害观测人员的健康和安全。目前，解决此类问题较好的方法是采用传感器变形监测技术。

传感器主要由敏感元件、传感元件和测量电路三部分组成，如图 10-4 所示。

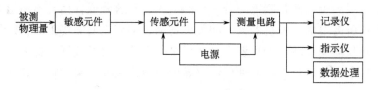

图 10-4　传感器的结构框图

敏感元件指能直接灵敏感受所测物的物理量（一般为非电量）的器件，如金属基片、膜片、线圈等。敏感元件能输出直接感受的变形值。

传感元件是指把敏感元件感受的物理量转换成电量的器件，又称为转换器。它也可直接感受被测量而输出与其对应的变量，是传感器的重要组成元件。

测量电路是把传感元件输出的电信号经过一定的处理、放大进而转换成与之对应的被测数值并进行显示、记录、控制的电子线路。传感器性能好坏、测量精度与电信号的处理过程有很大关系。因此，测量电路是传感器的重要部件。传感器类型多、使用广泛，在此重点介绍适合于变形监测的传感器。

1. 电阻应变片传感器

电阻应变片是一种能将构件上产生的应变量转换为电阻值的变化并被测定出应变值的器件。应变片的基本构造很简单，通常由直径为 0.01～0.05mm 的高阻率细金属丝加工成栅状的敏感栅，敏感栅上有黏合层和盖片，可把敏感栅黏合在固定的基底上。基底很薄，仅 0.03～0.06mm，以便使它能与被测件黏结在一起。应变片在变形监测中应用较为广泛。

1）应变片的工作原理

若有一根长为 l，截面积为 S，初始电阻为 R 的金属丝，其电阻系数为 ρ，则初始电阻为

$$R = \rho \frac{l}{S} \tag{10-5}$$

如果此金属丝在轴心力 F 的作用下，其长度变化 dl，截面积变化 ds，半径

变化 dr，电阻率系数变化 $d\rho$。由于这些量的变化使其电阻变化为 dR，如图 10-5 所示。它们之间的关系可由式（10-5）求微分而得

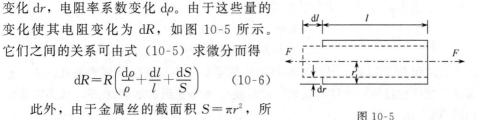

图 10-5

$$dR = R\left(\frac{d\rho}{\rho} + \frac{dl}{l} + \frac{dS}{S}\right) \qquad (10\text{-}6)$$

此外，由于金属丝的截面积 $S = \pi r^2$，所以 $\frac{dS}{S} = 2\frac{dr}{r}$，令 $\frac{dl}{l} = \varepsilon$，它表示金属丝的轴向应变，则 $\frac{dr}{r}$ 为金属丝的横向应变，由派泊松比 μ 的定义知

$$\frac{dr}{r} = -\mu\,\frac{dl}{l} = -\mu\varepsilon$$

$$\frac{ds}{S} = -2\mu\varepsilon \qquad (10\text{-}7)$$

把式（10-7）代入式（10-5），整理后可得

$$\frac{dR}{R} = \left[\left(1 + 2\mu + \frac{d\rho}{\rho\varepsilon}\right)\right]\varepsilon \qquad (10\text{-}8)$$

$$K_0 = \frac{dR}{R \cdot \varepsilon} = (1 + 2\mu) + \frac{d\rho}{\rho \cdot \varepsilon} \qquad (10\text{-}9)$$

式中，K_0 为单位应变所引起的电阻值的相对变化量，称为金属材料的灵敏系数。

由以上可以看出，K_0 受两个因素影响，根据大量的实验证明，在金属丝拉伸极限范围内，电阻相对变化与应变成正比，所以 K_0 可以看为常数，即

$$\frac{\Delta R}{R} = K_0 \cdot \varepsilon \qquad (10\text{-}10)$$

由式（10-10）可见 $\frac{\Delta R}{R}$ 与 ε 的关系在较大的范围内具有良好的线性关系。对于每一个应变片，它的 K_0 值可在实验室进行测定。

2）温度误差及补偿方法

在实际测量工作中，环境温度的不断变化将对应变片产生巨大影响，是应变片测量误差的最主要来源。这种误差通常来自两个方面：

其一是金属丝的电阻值将随温度而发生变化，电阻与温度的关系为

$$R_1 = R_0 (1 + \alpha\Delta t) \qquad (10\text{-}11)$$

式中，α 为金属丝的电阻温度系数。

其二是试件与金属丝材料的膨胀系数不一致，使金属丝产生附加变形而引起电阻值的变化。

若有一长度为 l_0 的金属丝固定在构件上，当温度改变 Δt 时，金属丝和构件

的伸长分别为 l_t 和 l'_t，它们的长度与温度的关系为

$$l_t = l_0 \ (1 + B\Delta t) \atop l'_t = l_0 \ (1 + B'\Delta t) \Bigg\} \tag{10-12}$$

式中，B 和 B' 分别为金属丝和构件的膨胀系数。由于两者牢固地黏在一起，金属丝会被构件拉伸到同样的长度，此时使金属丝受到附加应变 $\Delta\varepsilon$，从而产生附加的电阻 ΔRt，即

$$\Delta Rt = R_0 K_0 \Delta\varepsilon = R_0 K_0 \ (B' - B) \ \Delta t \tag{10-13}$$

因此，由温度变化而引起电阻变化为

$$\Delta Rt = R_0 \alpha \Delta t + R_0 K_0 \ (B' - B) \ \Delta t \tag{10-14}$$

折合成应变片对应的附加应变量为

$$\Delta\varepsilon_t = \frac{\Delta R_t}{R_0 K_0} = \frac{\alpha\Delta t}{K_0} + \ (B' - B) \ \Delta t \tag{10-15}$$

可采取线路补偿和应变片补偿克服应变片的温度误差。在被测试件上安装工作应变片，而在另一个与构件材料完全一致的补偿上安装补偿片，补偿法的特性应与工作法一致，并使它们处于同一环境条件下。这样，由于温度变化而产生的误差可由补偿法求得。从工作法上测得的输出量中减去补偿法输出的量值后，就可以获得无温度误差的输出量。

2. 电容式传感器

电容式传感器是将被测位移量的变化转换成电容变化的传感器，它被广泛地应用于位移监测。

1) 工作原理

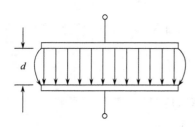

图 10-6　电容器结构图

如图 10-6 所示，电容器由极板组成，其电容量的大小可用下式表示：

$$c = \frac{\varepsilon A}{d} = \frac{\varepsilon_0 \cdot \varepsilon_r \cdot A}{d} \tag{10-16}$$

式中，ε 为介电常数；A 为极板面积；d 为极板间的距离；ε_0 为真空介电常数；ε_r 为相对介电常数。

由式（10-16）可知，电容量的大小取决于极板面积和极板间的距离。若改变极板间的距离 d，可测量位移的变化；若使两极板相互错动，则极板间的对应面积 A 减小，形成变面积式传感器，可测量极板间错动的位移变化；若使极板间两种介质的多少发生变化，则可测定液面的高低，通常用于液体静力水准仪，可自动测量高度的变化。

2）电容式传感器的测量电路

电容式传感器的电容变化值十分微小，难以用常规的显示仪器进行显示、记录和传输。因此，必须设置专用的测量电路，将微小的电容变化值转换成与其成比例的电压、电流或频率，否则难以测出位移量的变化值。专用测量电路如图 10-7 所示。在电容传感元件后安装放大器，将位移信号放大，再输送到记录和显示系统。

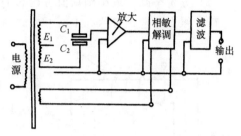

图 10-7　专用测量电路图

3）电容式传感器的优点：

电容式传感器是应用比较广泛的传感器，它主要有以下特点：

（1）结构简单，适应性强，易于制造，并且可以做得非常小巧，以实现特殊的测量。同时，这种传感器对工作环境要求不是很严，可在高温、低温、强辐射和强磁场等各种环境条件下工作，适应性好。

（2）稳定性好，受外界条件和自身发热等因素影响很小，因此比较稳定可靠。

（3）功耗小，由于两极板间引力很微小，所需输入量很小，故功耗小。

（4）灵敏度高，可测出电容值的 10^{-7} 的变化量。可反映出 0.01mm 甚至更小的位移量。

（5）可以实现非接触测量。

电容式传感器的缺点：

（1）寄生电容影响大，影响灵敏度，带来了干扰。

（2）具有非线性输出，尽管采用了差动式结构对非线性有所改善，但难以消除。

（3）输出阻抗大，负载能力差。

综上所述，可以看出电容式传感器有很多的优点，特别是介电系数、极板间距和变化面积对位移（线位移和角位移）监测有突出的优点，因此得到了广泛的应用。

3. 电感式传感器

电感式传感器利用电感应原理，将测量的位移量（直线位移、角度位移等）转换为电感的增量，从而得到非电量的被测变化值。电感式传感器有自感式和互感式两种。自感式传感器有变气隙式、变截面式和螺管式等。互感式传感器利用了变压器的原理，又称为差动变压器。

电感式传感器具有以下优点：

（1）结构简单，可靠性强。

（2）分辨率高，最小刻划值可达 $0.1\mu m$。

（3）零点稳定，可达 $0.1\mu m$。

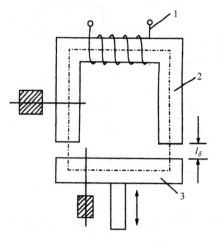

图 10-8　变隙式电感传感器

（4）测量精度高，输出线性好，为 $\pm 0.1\%$。

（5）输出功率大，不用放大器可达 $0.1\sim 5V/mm$ 的输出量。

1）变隙式电感传感器

如图 10-8 所示，1 为线圈，2 为铁芯，3 为衔铁。衔铁与被测物体相连，当线圈接入电路后，便形成磁路。由于磁路中空气隙 l_δ 的变化引起线圈电感值发生变化，还可以使电感值的变化转换成电压或电流的变化。线圈的电感为

$$L=\frac{W^2}{R_m} \tag{10-17}$$

式中，W 为线圈匝数；R_m 为磁路总阻。

变隙式传感器的总磁阻由三部分组成，即

$$\left.\begin{array}{l} R_{m1}=\dfrac{l_1}{\mu_1 A_1} \\[2mm] R_{m2}=\dfrac{l_2}{\mu_2 A_2} \\[2mm] R_{m3}=\dfrac{2l_\delta}{\mu_0 A} \end{array}\right\} \tag{10-18}$$

式中：R_{m1}、R_{m2}、R_{m3} 分别为铁芯、衔铁和气隙各部分产生的磁阻；l_1 为铁芯磁路长度；μ_1 为铁芯的导磁率；A_1 为铁芯的横截面积；l_2 为衔铁的磁铁长；μ_2 为衔铁的导磁率；A_2 为衔铁的横截面积；l_δ 为气隙的一端长度；μ_0 为真空导磁率，$\mu_0=4\pi\times 10-7H/m_1$；$A$ 为气隙磁道截面积。

由以上三部分整理后，可得

$$R_m=R_{m1}+R_{m2}+R_{m3}=\frac{l_1}{\mu_1 A_1}+\frac{l_2}{\mu_2 A_2}+\frac{2l_\delta}{\mu_0 A} \tag{10-19}$$

因此，由式（10-17）可得

$$L=\frac{w^2}{R_m}=\frac{w^2}{\dfrac{l_1}{\mu_1 A_1}+\dfrac{l_2}{\mu_0 A_2}+\dfrac{2l_\delta}{\mu_0 A}} \tag{10-20}$$

由于铁芯和衔铁的长度、截面积和导磁率皆为已知，故 R_{m1}、R_{m2} 为常数。式（10-19）中若 A 不变，则 L 为 $f(l_\delta)$ 的函数，l_δ 变化就引起 L 的变化，故称为变隙式传感器。

2）变截面式电感传感器

变截面式电感传感器如图 10-9 所示，若使 l_δ 不变化，衔铁 3 平行于气隙截面移动，则引起铁芯和衔铁相对面积 A 的变化，这时被测物体与衔铁相连，则 $L=f(A)$，L 为 A 的函数。实际上 A 的变化是由被测物的线位移而引起的，所以这种传感器称为变截面式电感传感器。

变截面式传感器也可以测量角度位移。如图 10-10 所示，A 为固定磁铁，B 为衔铁，可以绕 O 点转动，并且用两个拉簧定位。当 B 转动时，气隙磁通截面积 A 便改变，从而测出转角 α 的变化值 $\Delta\alpha$。

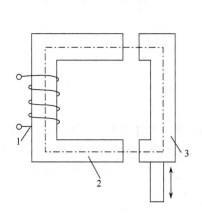

图 10-9　变截面传感器

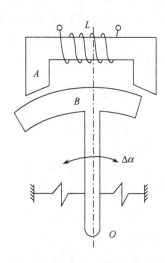

图 10-10　变截面传感器功能

10.7　变形监测数据处理

在变形监测中变形监测数据是基础，变形分析是手段，变形预报是目的，变形数据的处理过程就是变形分析和预报的过程。所以，变形数据处理是变形监测的主要内容，也是实现变形监测目的的重要措施。

变形监测的数据可分为两种：①监测网的周期观测数据，根据这些数据，可计算网点的坐标，进行参考点稳健性检验和周期间的叠合分析，从而得到目标点的位移。②各监测点上的某一种特定的形成时间序列的监测数据，如该点的沉降值、某一方向上的位移值及其他与变形监测有关的量，如气温、体温、水位、应力、应变和载重量等。对它们进行相关分析和统计检验，可以确定变形过程和变形趋势。

变形分析可分为几何分析和物理解释。几何分析用于确定变形量的大小、方向及其变化，即变形体形态的动态变化。物理解释用于确定引起变形的原因（如是由某种荷载压力为主引起的周期性变形）和确定变形模式（是属于弹性变形还是应力变形，是自身内部形变还是整体变形等）。通常认为，几何分析是基础，主要确定位移量，物理解释则是从本质上认识变形，两者缺一不可。变形监测数据处理主要包括变形监测网和变形监测点的数据处理两方面。

10.7.1　变形监测网的数据处理

变形体的位移由其上离散的目标点相对于参考点的变化来描述，参考点和目标点之间通过边角、高差或点位观测值连接。由参考点组成的网称为参考网。对参考网进行周期观测的目的在于检查参考点是否都是稳定的。通过检验，选出真正稳定的点作为监测网的固定基准点，从而可精确测定监测体上目标的变形。下面主要介绍平均间隙法和卡尔曼滤波法。

1. 平均间隙法

平均间隙法由德国测量学者 Pelzer 于 1971 年提出，用于监测网中不稳定点的检验与识别。

平均间隙法的基本思想是，先进行两周期图形一致性检验，也称整体检验，如果检验通过，则确认所有的参考点是稳定的。否则，就要找出不稳定的点。寻找不稳定点的方法是"尝试法"，依次去掉每一个点，并计算图形不一致性的减少程度，应减去使得图形不一致性最大的那一个不稳定点。排除不稳定点后再重复上述过程，直到图形一致性通过检验确认为止。

1）整体检验

现用某两个周期观测的成果进行稳定性检验。设两个周期分别为 1、j 周期。

根据每一周期观测的成果，按秩亏自由网平差的方法进行平差，由平差改正数可计算单位权方差的估值

$$\left.\begin{array}{l}\mu_1^2 = \dfrac{(V^{\mathrm{T}}PV)^1}{f_1} \\[2mm] \mu_j^2 = \dfrac{(V^{\mathrm{T}}PV)^j}{f_j}\end{array}\right\} \tag{10-21}$$

式中分别用上标与下标 1、j 表示不同的两个周期观测的成果。通常情况下两个不同周期观测的精度是相等的，可将 μ_1^2 与 μ_j^2 联合起来求一个共同的单位权方差估值，即为

$$\mu^2 = \frac{(V^T P V)^1 + (V^T P V)^j}{f} \tag{10-22}$$

式中

$$f = f_1 + f_j$$

若假设两次观测期间点位没有变动，则可从两个周期所求得的坐标差 Δx 计算另一方差估值

$$\theta^2 = \frac{\Delta X^T P_{\Delta X} \Delta X}{f_{\Delta X}} \tag{10-23}$$

式中

$$P_{\Delta X} = Q_{\Delta X}^+ = (Q_{X1} + Q_{Xj})^+$$

$f_{\Delta X}$ 为独立的 ΔX 的个数。

可以证明方差估值 μ^2 与 θ^2 是统计独立的。利用 F 检验法，可组成统计量

$$F = \frac{\theta^2}{\mu^2} \tag{10-24}$$

在原假设 H_0（两次观测期间点位没有变动）下，统计量 F 服从自由度为 $f_{\Delta x}$、f 的 F 分布，故可用

$$P (F > F_{1-\alpha} (f_{\Delta x}, f) / H_0) = \alpha \tag{10-25}$$

来检验点位是否有变动。置信水平 α 通常取 0.05 或 0.01，由置信水平 α 和自由度 $f_{\Delta x}$、f 可以从数理统计表中查得分位值 $F_{1-\alpha} (f_{\Delta x}, f)$。

当统计量 F 小于相应分位值时，则表明没有足够的证据怀疑原假设，因而接收原假设，即认为点位是稳定的。

当统计量 F 大于分位值时，则必须拒绝原假设，即认为点位发生了变动。在这种情况下，是所有的点位都发生变动，还是其中部分点位发生变动？针对此疑问，平均间隙法给出了进一步搜索不稳定点的方法。

从以上的检验方法可以清楚地看出，整体检验利用 $\Delta X^T P_{\Delta X} \Delta X$ 构成的统计量，反映了两周期图形的一致性，若两周期图形的一致性好，则 $\Delta X^T P_{\Delta X} \Delta X$ 就小；反之，$\Delta X^T P_{\Delta X} \Delta X$ 就大。所以整体检验又称图形一致性检验。$\Delta X^T P_{\Delta X} \Delta X$ 是整个网形一致的指标，可以证明它与所选的参数无关。

2）不稳定点的搜索

若通过整体检验后发现监测网中存在不稳定点，则必须将不稳定点找出来，寻找不稳定的方法采用尝试法。

为寻找方便，先将监测网的点分为两组，即稳定组（F 组）和不稳定组（M 组）。F 组中可能既有稳定点，又有不稳定点，只有通过检验才能确认 F 组中的点位是否都是稳定点。这种检验通过对 F 组进行图形一致性检来实现。

将 ΔX、$P_{\Delta X}$ 按 F、M 组排序并分块为

$$\Delta X^{\mathrm{T}} = (\Delta X_F^{\mathrm{T}} \ \vdots \ \Delta X_M^{\mathrm{T}}) \tag{10-26}$$

$$P_{\Delta X} = \begin{pmatrix} P_{FF} & \vdots & P_{FM} \\ \cdots & \cdots & \cdots \\ P_{MF} & \vdots & P_{MM} \end{pmatrix} \tag{10-27}$$

由于 ΔX_F、ΔX_M 是相关的，即 $P_{FM} = P_{MF}^{\mathrm{T}} \neq 0$，$\Delta X_F^{\mathrm{T}} P_{FF} \Delta X$ 不能反映 F 组的图形一致性，它受 M 组的影响。为了得到 F 组的图形一致性，作如下变换

$$\overline{\Delta X}_M = \Delta X_M + P_{MM}^{-1} P_{MF} \Delta X_F \tag{10-28}$$

$$\overline{P}_{FF} = P_{FF} - P_{FM} P_{MM}^{-1} P_{MF} \tag{10-29}$$

由此可获得

$$\Delta X^{\mathrm{T}} P_{\Delta X} \Delta X = \Delta X_F \overline{P}_{FF} \Delta X_F + \overline{\Delta X}_M P_{MM} \overline{\Delta X}_M \tag{10-30}$$

这样就将 $\Delta X^{\mathrm{T}} P_{\Delta X} \Delta X$ 分成了两个独立项，第一项表达了 F 组点的图形一致性。令

$$\theta_F^2 = \frac{\Delta X_F^{\mathrm{T}} \overline{P}_{FF} \Delta X_F}{f_F} \tag{10-31}$$

即可构成 F 组点的稳定性检验的统计量

$$F_1 = \frac{\theta_F^2}{\mu^2} H_0, \qquad F(f_F, \ f_1 + f_2) \tag{10-32}$$

若 $F_1 < F_2$ $(f_F, \ f_1 + f_2)$，则 F 组的点都是稳定的；反之，若 $F_1 > F_2$ $(f_F, \ f_1 + f_2)$，则 F 组中含有不稳定点。

借助于这种统计检验和下列搜索方法，可以实现对全部不稳定点的搜索。

若整体检验发现网中有不稳定点，那么网中至少应有一个不稳定点。虽然不知道网中到底有多少个不稳定点，但可以首先只搜索一个不稳定点，然后检验剩下的点是否还含有不稳定点，如果还有不稳定点，那再搜索出下一个不稳定点，并继续检验剩下的点中是否还有不稳定点，如此重复，直到剩下的点中没有不稳定点。

在搜索第 1 个不稳定点时，需要遍历对全部监测网点进行考察。若要考察某一点 i 是否是不稳定点，应将全部监测网点分为两组，将点 i 作为不稳定点组，其余的点作为稳定点组。设监测网有 t 个点，这两组包含的点分别为

F 组：1，2，$\cdots$，$i-1$，$i+1$，$\cdots$，t

M 组：i

然后计算 $\overline{\Delta X}_{M_i}^{\mathrm{T}} P_{M_i M_i} \overline{\Delta X}_{M_i}$ 将其作为判断点 i 是否为不稳定点的指标。对于每一个点，都要进行这种分组和计算，相应地得到 t 个指标，选择这个指标最大的点作为可能的不稳定点，即选择与下式所相应的 j 点作为可能不稳定的点：

$$\Delta \overline{X}_{M_j}^{\mathrm{T}} P_{M_j M_j} \Delta \overline{X}_{M_j} = \max (\Delta \overline{X}_{M_i}^{\mathrm{T}} P_{M^i M_i} \Delta \overline{X}_{M_i}), \qquad i = 1, \ 2, \ \cdots, \ t \tag{10-33}$$

在搜索到 j 这个可能的不稳定点后，再对其余点的图形一致性进行检验，如果经检验这些点是稳定的，稳定性分析即可停止。否则，继续搜索第 2 个可能的不稳定点，搜索的方法与搜索第 1 个可能的不稳定点类似，从其余的 $t-1$ 个点中找一个点 i 与已找出的不稳定点 j 构成不稳定点组，其余的点构成稳定点组，即

F_{ij} 组：1，2，$\cdots$，$i-1$，$i+1$，$\cdots$，$j-1$，$j+1$，$\cdots$，t

M_{ij} 组：i，j

$$\overline{\Delta X_{M_{ij}}^{\mathrm{T}}} P_{M_{ij}M_{ij}} \overline{\Delta X_{M_{ij}}}$$

$$= \max\{\overline{\Delta X_{M_{ij}}^{\mathrm{T}}} P_{M_{ij}M_{ij}} \overline{\Delta X_{M_{ij}}}, \ i=1, \ \cdots, \ j-1, \ j+1, \ \cdots, \ t\} \tag{10-34}$$

相应地，可计算 $\overline{\Delta X_{M_{ij}}^{\mathrm{T}}} P_{M_{ij}M_{ij}} \Delta X M_{ij}$。为了找出第 2 个可能的不稳定点，需要进行 $t-1$ 次这样的分组与计算，选择与式（10-34）对应的 l 点作为第 2 个可能的不稳定点，再检验其余的 $t-2$ 个点的图形一致性。

如此重复，直到剩下的点经检验都是稳定的。

2. 卡尔曼滤波法

卡尔曼滤波是最优估计的一种方法，具有无须平稳性假设的优点，可直接在时域对系统的状态进行估计且估计的算法是递推的。卡尔曼滤波算法在军事上和工程技术方面得到广泛应用，如用于导航和过程控制等。德国测量学家 Pelzer 最早将其应用于变形监测网参考点和目标点的显著性变形检验，取得了可喜的效果。根据卡尔曼滤波特性，监测网检验常用静态点场更新和似静态点场更新。

1）参考网检验和静态点场更新

设变形体为一个动态系统，系统的状态可用卡尔曼滤波模型即状态方程和观测方程进行描述。卡尔曼滤波的递推公式为

$$\left.\begin{aligned}
&X_K = \hat{T}X_{K-1} + \xi_K = \hat{I}X_{k-1} + 0 \\
&\Sigma_{XX,K} = \sigma_0^2 Q_{XX,K} = \Sigma_{\hat{X}\hat{X},K-1} + \Sigma_{\xi,K} \\
&I_K = L_K - \bar{L}_K = L_K - A_K X_K \\
&\Sigma_{LL,K} = \sigma_0^2 Q_{LL,K} \\
&\hat{X}_K = X_K + x_K = X_K + KI_K \\
&\Sigma_{\hat{X}\hat{X},K} = \sigma_0^2 Q_{\hat{X}\hat{X},K} = \sigma_0^2 (Q_{XX,K} - KDK^{\mathrm{T}}) \\
&K = Q_{XX,K} A_K^{\mathrm{T}} D^{-1} \\
&D = Q_{LL,K} + A_K Q_{XX,K} A_K^{\mathrm{T}}
\end{aligned}\right\} \tag{10-35}$$

式中，X_{K-1} 和 $\Sigma_{\hat{X}\hat{X},K-1}$ 表示第 $K-1$ 周期监测网点的坐标向量和其协方差阵，是已估计值，由递推公式估算出第 K 期坐标向量和其协方差阵 $\hat{X}_K \Sigma_{\hat{X}\hat{X},K}$；$T$ 为传

递矩阵或状态转移矩阵；I 为单位矩阵；$Q_{XX,K}$ 和 $\Sigma_{XX,K}$ 为第 K 期坐标向量预报值 X_K 的协因数阵和协方差阵；L_K 是第 K 期的观测值向量，其协方差阵为 $\Sigma_{LL,K}$；$\bar{L}_K$ 为 L_K 的预报值；A_K 为第 K 期观测方程线性化后的系数矩阵；I_K 称为第 K 期预报残差向量或信息向量，其协因数阵为 D；K 为增益矩阵；x_K 表示加进第 K 期观测值向量 L_K 后，坐标向量预报值 X_K 的变动量，也称坐标变化向量。

在此需要特别说明的是系统噪声向量 ξ_K 及其协方差阵 $\Sigma_{\xi,K}$。ξ_K 是未知的随机向量，由地下水位变动、标石不稳定、环境温度变化及对中不好等原因所引起，在静态点场中也应加以考虑。这种量级的扰动取值可用协方差阵的对角元素表示，即 $\Sigma_{\xi,K}$ 为对角矩阵，其对角元素值为各参考点（P 个）X、Y、Z 坐标的方差，即

$$\mathrm{diag}\,(\Sigma_{\xi,K}) = (\sigma_{X_1}^2\,\sigma_{Y_1}^2\,\sigma_{Z_1}^2\cdots\sigma_{X_P}^2\,\sigma_{Y_P}^2\,\sigma_{Z_P}^2) \tag{10-36}$$

若为深埋点并带强制归心装置的观测墩，则 σ_x、σ_y、σ_z 的取值约为 $0.2\mathrm{mm}$，而采用光学对中的一般测量标石，取 $\sigma_x=\sigma_y=\sigma_z=1\mathrm{mm}$。这仅仅是考虑埋标、对中装置和对中方法等几项影响的经验值。在缺少系统噪声信息时，通常假设 $\varepsilon_K=0$，此时，式（10-35）中 1、2 两式表示从第 $K-1$ 周期到第 K 周期坐标向量 $\hat{X}_{K-1}$ 仍假设保持不变，但其取值范围因加进系统噪声影响而增大。

两周期间一致性整体检验时，首先对预报残差向量 I_K 作零假设和备选假设

$$\left.\begin{array}{l} H_0:E(I_K)=0 \\ H_A:E(I_K)=\bar{I}_K\neq 0 \end{array}\right\} \tag{10-37}$$

并构成检验统计量

$$T=\frac{I_K{}^T D^{-1} I_K}{\sigma_0^2}\sim\chi_{n_k}^2 \tag{10-38}$$

式中，n_k 为第 K 周期的观测值个数。若 H_0 成立，表示预报的坐标

$$\left.\begin{array}{ll} I_K^T D^{-1} I_k\leqslant\sigma_0^2\chi_{n_k}^2, & 1-\alpha,\ H_0\ \text{成立} \\ I_K^T D^{-1} I_k>\sigma_0^2\chi_{n_k}^2, & 1-\alpha,\ H_A\ \text{成立} \end{array}\right\} \tag{10-39}$$

与当前观测值一致，则 I_K 可直接用于点场的更新。若拒绝 H_0，则需要进一步找原因，或者是 L_K 中含有粗差，或者是点位发生显著性变动。观测值粗差可通过数据探测法检验并剔除。在确认观测值无粗差的情况下仍拒绝 H_0，则应推测有显著性变动的点，为此要按式（10-35）中的第 5 式计算中加入观测值向量 L_K 后的坐标变量 x_K 及其协因素阵，则有

$$x_K=KI_K=(x_{1,k},\ x_{2,k},\ \cdots,\ x_{p,k})^T \tag{10-40}$$

$$Q_{XX,K}=KDK^T=\begin{bmatrix} Q_{11,K} & & & \\ & Q_{22,K} & & \\ & & \ddots & \\ & & & Q_{PP,K} \end{bmatrix} \tag{10-41}$$

这时，通常采取以下搜索算法，构成统计量

$$T_i = \frac{x_{i,k}^{\mathrm{T}} Q_{ii,k}^{-1} x_{i,k}}{\sigma_0^2} - \chi_3^2, \qquad i = 1, 2, \cdots, p \qquad (10\text{-}42)$$

式中，p 为参考点点数。若

$$\frac{x_{m,k}^{\mathrm{T}} Q_{mm,k}^{-1} x_{m,k}}{\sigma_0^2} = \max\left(\frac{x_{i,k}^{\mathrm{T}} Q_{mn,k}^{-1} x_{i,k}}{\sigma_0^2} \right), \qquad i = 1, 2, \cdots, p \qquad (10\text{-}43)$$

则认为第 m 点发生了显著性变动。由于某一点的显著性变动会对其他点都产生影响，式（10-42）中的统计量并不严格，为了确定坐标变化量（位移量），需要修改系统噪声向量的协方差阵 $\Sigma_{\xi,k}$，即 m 点的方差 σ_{xm}^2、σ_{ym}^2 要显著地大于其他点的方差。由此会引起 $\Sigma_{XX,K} D$ 和 K 发生变化。这种 m 点的变动将不会影响两周期间的一致性检验。若由预报残差向量构成的检验统计量还拒绝 H_0 假设，则表明仍存在显著性变动点，需再次搜索迭代并重复以上步骤，直至 H_0 假设成立。

最后将点场分为动点和不动点，动点的坐标按式（10-35）的第 5 式计算，不动点的坐标在其确定的精度范围内保持不变。用上述卡尔曼滤波递推法作为静态点场更新，不会改变点场的秩亏数。

2）监测网检验和似静态点场更新

监测网可视为由参考网和相对网组成，它与静态点场的区别在于：要事先将一部分点（目标点）当作动态点而将另一部分点（参考点）当作不动点。第 $K-1$ 周期的坐标向量按参考点（下标为 s）和目标点（下标为 0）分成两组：

$$\hat{X}_{K-1} = \begin{bmatrix} \hat{X}_{s,k-1} \\ \hat{X}_{0,k-1} \end{bmatrix} \qquad (10\text{-}44)$$

其协方差阵为

$$\Sigma_{\hat{X}\hat{X},K-1} = \sigma_0^2 Q_{\hat{X}\hat{X},k-1} = \sigma_0^0 \begin{pmatrix} Q_{ss,k-1} & Q_{s0,k-1} \\ Q_{0s,k-1} & Q_{00,k-1} \end{pmatrix} \qquad (10\text{-}45)$$

似静态点场的参考点和目标点的系统噪声向量 ξ_k 及其协方差阵 $\Sigma_{\xi,k}$ 与静态点场有一定的区别，其参考点的处理方法完全相同，但对于目标点，都看作动点，其坐标的先验方差 σ_{xi}^2、σ_{yi}^2 一般要给一个比所预计的位移量还要大一些的值。似静态点场更新的算法与静态点场完全相似。对于参考点也需要做稳定性检验，当具有显著性变动的点时，应通过给一个大的系统噪声并加到 $\Sigma_{\xi,k}$ 中，使动点从参考点中分离出来。第 K 期更新后的坐标向量 $\hat{X}$ 及其协方差阵按递推公式（10-35）的第 5、第 6 式计算为

$$\hat{X}_K = \begin{pmatrix} \hat{X}_{s,K} \\ \hat{X}_{0,K} \end{pmatrix} \left.\begin{array}{c} \\ \\ \\ \\ \end{array}\right\}$$

$$\Sigma_{\hat{X}\hat{X},K} = \sigma_0^2 Q_{\hat{X}\hat{X},K} = \sigma_0^2 \begin{pmatrix} Q_{ss,k} & Q_{s0,k} \\ Q_{0s,k} & Q_{00,k} \end{pmatrix} \quad (10\text{-}46)$$

坐标变化向量 x_k 及其协方差阵的分解式为

$$X_K = KI_K = \begin{pmatrix} x_s, & K \\ x_0, & K \end{pmatrix} \quad (10\text{-}47)$$

$$\Sigma_{xx,K} = \sigma_0^2 Q_{xx,k} = \sigma_0^2 K D K^{\mathrm{T}} = \sigma_0^2 \begin{pmatrix} Q_{xs,xs,k} & Q_{xs,x0,k} \\ Q_{x0,xs,k} & Q_{x0,x0,k} \end{pmatrix} \quad (10\text{-}48)$$

对于进一步分析变形体的刚体运动或变形体的形变，目标点的坐标变化向量 $X_{0,k}$ 及其协因数阵 $Q_{x0,y0,k}$ 是不可少的，详见后面的深入分析。

10.7.2　变形监测点的数据处理

变形监测点是变形监测的目标点，变形监测的目的就是通过观测数据在研究监测网稳定的基础上，重点研究和分析监测点的变化情况及其趋势。所以变形监测点的数据处理是变形监测的重要内容。由于变形体变形机理的复杂性和多样性，对于变形分析与建模理论和方法的研究，需要结合地质、水文、力学、动力学等相关学科的信息和方法，并引入数学、系统科学及非线性科学理论等，采用数学模型来模拟或逼近，并揭示变形体的变化规律和动态特征，为工程设计和灾害预防提供科学依据。在此仅介绍几种常用的变形分析方法和建模理论。

1. 回归分析法

回归分析是处理变量之间相互关系的一种数理统计方法。将变形体作为一个系统，按系统论分析方法，将在各点上所取得的变形值（如位移、沉降、倾斜等）作为系统输出，将影响变形体变形的各种因子（温度、气压、荷载等）作为系统输入，并将输入称为自变量，输出称为因变量，对它们进行长期大量的观测，所获取的数据，则可用回归分析的方法近似估计出因变量和自变量，即变形量与变形因子之间的函数关系。根据这种函数关系可以解释变形产生的主要原因及影响最大的因子，同时可进行变形预报。回归分析同时也要给出估计精度。所以，可以确认回归分析既是一种统计计算的数学方法，又是一种变形的物理解释，同时还可以作变形预报。

在回归分析过程中，若只是两个变量之间的问题，即在一个自变量的情况下，通常称为一元回归。在变形分析时，时间也可以作为自变量，变形值和时间之间也可作回归分析，可探讨变形的速度。若两个变量之间存在线性函数关系，则为直线回归。若两个变量之间是一种非线性关系，则有两种处理方法：①根据散点图和常见的函数曲线（如双曲线、指数曲线、对数曲线等）进行匹配，通过变量变换把曲线问题化为直线问题；②用多项式拟合任一种非线性函数，通过变量变换把这种一元非线性回归问题化为多元线性回归问题。具体的方法如下：

首先确认直线回归方程的标准式为

$$y = a + bx \tag{10-49}$$

（1）常用的双曲线方程为

$$\frac{1}{y} = a + \frac{b}{x}$$

设 $y' = \dfrac{1}{y}$，$x' = \dfrac{1}{x}$，代入上式可变换为一元直线回归方程

$$y' = a + bx' \tag{10-50}$$

（2）常用的指数函数式为

$$y = d e^{\frac{b}{x}} \tag{10-51}$$

设 $y' = \ln y$，$x' = \dfrac{1}{x}$，$a = \ln d$，代入上式可变为一元直线回归方程

$$y' = a + bx' \tag{10-52}$$

（3）对数函数式为

$$y = a + b\ln x \tag{10-53}$$

设 $x' = \ln x$，代入上式可变为一元直线回归方程

$$y = a + bx' \tag{10-54}$$

（4）二次多项式（抛物线）函数为

$$y = a + bx + cx^2 \tag{10-55}$$

设 $x_1 = x$，$x_2 = x^2$，代入上式可变为二元线性回归方程

$$y = a + bx_1 + cx_2 \tag{10-56}$$

从以上变换过程可以看出，在多数情况下，影响变形的因素是多方面的，而且不是线性的。通常首先应依据专业知识确定可选因子，对于多元非线性回归问题，应通过变量变换化为多元线性问题。可采用逐步回归算法，获得最优的回归方程，并进行变形预报或对因变量进行控制，这样可达到预期的效果。

1）多元线性回归分析

多元线性回归分析是研究一个变量（因变量）与多个因子（自变量）之间非确定关系（相关关系）的最基本方法。该法通过分析所观测的变形数据（效应量）和外因之间的相关性，来建立外因与变形数据之间的数学关系。其数学模型为

$$y_t = \beta_0 + \beta_1 x_{t1} + \beta_2 x_{t2} + \cdots + \beta_p x_{tp} + \xi_t \tag{10-57}$$

式中，下标 $t=1, 2, \cdots, n$，表示观测值变量，共有 n 组观测值；P 表示因子个数。具体分析程序如下。

（1）建立多元线性回归方程。

多元线性回归计算是按最小二乘原理解线性方程组，其数学模型的矩阵形式为

$$y = x\beta + \varepsilon \tag{10-58}$$

式中，y 为 n 维变量的观测向量（因变量），$y = (y_1, y_2, \cdots, y_n)^T$；$x$ 是一个 $n \times (m+1)$ 阶矩阵，其具体形式为

$$x = \begin{bmatrix} 1 & x_{11} & x_{12} & \cdots & x_{1m} \\ 1 & x_{21} & x_{22} & \cdots & x_{2m} \\ \vdots & \vdots & \vdots & & \vdots \\ 1 & x_{n1} & x_{n2} & \cdots & x_{nm} \end{bmatrix} \tag{10-59}$$

式中，m 表示有 m 个变形影响因子，而每一个变形影响因子表示一种自变量的观测值，它们是构成 X 矩阵的元素，与因变量相对应，共有 n 组；β 是回归系数向量，$\beta = (\beta_0, \beta_1, \beta_2, \cdots, \beta_m)^T$；$\varepsilon$ 是服从同一正态分布 $N(0, \sigma^2)$ 的 n 维向量，$\varepsilon = (\varepsilon_1, \varepsilon_2, \cdots, \varepsilon_n)^T$。

由最小二乘原理可求得 β 的估值 $\hat{\beta}$ 为

$$\hat{\beta} = (X^T x)^{-1} x^T y \tag{10-60}$$

模型式（10-60）只是对问题进行初步分析所得的一种假设，所以，在求得多元线性回程方程后，还需要对其进行统计检验。

（2）回归方程显著性检验。

在回归过程中，事先并不能确定因变量 y 与自变量 $x_1, x_2, \cdots, x_p$ 之间是否确有线性关系，在求线性回归方程之前，线性回归模型（10-57）只是一种假设。尽管这种假设有一定的依据，但在求得线性回归方程后，还是需要对回归方程进行统计检验，以给出肯定或否定的结论。若因变量 y 与自变量 $x_1, x_2, \cdots, x_p$ 之间不存在线性关系，则模型（10-57）中的 β 为零向量，即有原假设：

$$H: \beta_1 = 0, \quad \beta_2, \cdots, \beta_p = 0$$

若将此原假设作为模型（10-57）的约束条件，可求得统计量

$$F = \frac{S_1 / P}{S_2 / (n - P - 1)} \tag{10-61}$$

式中，$S_1 = \sum_{i=1}^{n} (\hat{y} - \overline{y})^2$，称为回归平方和；$S_2 = \sum_{i=1}^{n} (y_i - \hat{y}_i)^2$，称为剩余平

方和或残差平方和；$\overline{y} = \dfrac{1}{n} \sum\limits_{i=1}^{n} y_i$。

当原假设成立时，统计量 F 应服从 F（P，$n-P-1$）分布，因此在选择显著水平 α 后，可用下式检验原假设：

$$p \{ \mid F \mid \geqslant F_{1-a, p, n-p-1} \mid H_0 \} = \alpha \tag{10-62}$$

对回归方程的显著性（或有效性）进行检验，若上式成立，则认为在显著水平 α 下，因变量 y 与自变量 x_1，x_2，$\cdots$，x_p 有显著的线性关系，则回归方程是显著的。

（3）回归系数显著性检验。

回归方程显著，并不是每个自变量 x_1，x_2，$\cdots$，x_p 对因变量 y 的影响都显著，应从回归方程中剔除某些可有可无的变量，重新建立更为简单的线性回归方程。假如某个自变量 x_j 对因变量 y 的作用不显著，则模型（10-57）中它前面的系数 β_j 就应该取为零，因此，检验因子 x_j 是否显著的原假设应为

$$H：\beta_j = 0$$

由模型（10-57）可估算求得

$$E（\hat{\beta}_j）= \beta_j$$

$$D（\hat{\beta}_j）= C_{jj} \sigma^2$$

式中，C_{jj} 为矩阵 $(x^{\mathrm{T}}x)^{-1}$ 中主对角线上的第 j 个元素。于是在原假设成立时，统计量为

$$(\hat{\beta}_j - \beta_j) / \sqrt{c_{jj}\sigma^2} \sim N（0，1）$$

$$(\hat{\beta} - \beta_j)^2 / c_{jj}\sigma^2 \sim \chi^2（1）$$

$$S_{剩} / \sigma^2 \sim \chi^2（n-p-1）$$

并可组成检验假设的统计量

$$\frac{\hat{\beta}_j^2 / c_{jj}}{S_{剩} / （n-p-1）} \sim F（1，n-p-1） \tag{10-63}$$

式（10-63）在原假设成立时，服从 F（1，$n-p-1$）分布。式（10-63）中的分子 $\hat{\beta}_j^2 / c_{jj}$ 通常又称为因子 x_j 的偏回归平方和。实际工作中，在选择相应的显著水平 α 后，可由表查得分位值 $F_{1-a, 1, n-p-1}$，若统计量 $\mid F \mid > F_{1-a, 1, n-p-1}$，则认为回归系数 $\hat{\beta}_j$ 在 $1-\alpha$ 的置信度下是显著的，否则是不显著的。

在进行回归因子显著性检验时，由于各因子之间的相关性，通常采用逐步剔除法。当从原回归方程中剔除一个变量时，其他变量的回归系数将会发生变化，有时甚至会引起符号的变化，因此，对回归系数进行一次检验后，只能剔除其中的一个因子，然后重新建立新的回归方程，再对新的回归系数逐个进行检验，重

复以上过程，直到余下的回归系数都显著为止。

2）逐步回归算法

（1）逐步回归算法的原理。

逐步回归算法先以一元线性回归模型为基础，通过对回归系数的显著性检验，逐步接纳或舍去变形影响因子，最后得到最佳的回归方程。逐步回归算法建立在 F 检验的基础上。

首先对线性回归模型中的回归系数 $\hat{\beta}_j$ 进行显著性检验，即回归方程中自变量对因变量是否有显著作用的检验

$$\text{零假设} \qquad H_0：E(\hat{\beta}_j)=0$$

$$\text{备选假设} \qquad H_A：E(\hat{\beta}_j)=\hat{\beta}_j \neq 0$$

构成以下服从 F 分布的统计量：

$$T=\frac{\hat{\beta}_j^2/q_{\hat{\beta}\hat{\beta}\cdot j}}{S_2/n-(m+1)} \sim F_1，n-(m+1) \qquad (10\text{-}64)$$

式中，$q_{\hat{\beta}\hat{\beta}\cdot j}$ 为 $\theta_{\hat{\beta}\hat{\beta}}$ 矩阵中第 j 个对角元素；S_2 为残差平方和。当 $T>F_{1,n-(m+1),1-\alpha}$（α 为显著水平，一般取 0.05），则表示 $\hat{\beta}_j$ 是显著的，相应的自变量 x_j 应接纳到回归方程；否则零假设成立，则表示自变量 x_j 对因变量 y 影响甚微，应舍去。

其次需要增加自变量进行显著性检验。设某多元线性回归方程为

$$\hat{y}=\hat{\beta}_0+\hat{\beta}_1 x_1+\cdots+\hat{\beta}_m x_m$$

相应的残差平方和为 S_2，回归平方和为 S_1。若增加一个自变量 x_{m+1} 后，则回归方程为

$$\hat{y}'_x=\hat{\beta}'_0+\hat{\beta}'_1 x_1+\cdots+\hat{\beta}'_m x_m+\hat{\beta}'_{m+1} x_{m+1}$$

相应的残差平方和及回归平方和分别为 S_{2+1}、S_{1+1}，则有

$$\left. \begin{aligned} \Delta S_2 &= S_2-S_{2+1} \\ \Delta S_1 &= S_1-S_{1+1} \\ \Delta S_2 &= \Delta S_1 \end{aligned} \right\} \qquad (10\text{-}65)$$

称 ΔS_2 为 y 对 x_{m+1} 的偏回归平方和，它等于增加自变量 x_{m+1} 后残差平方和的减小量，也反映了 x_{m+1} 对回归效果的贡献。增加自变量显著性检验的零假设和备选假设为

$$\text{零假设} \qquad H_0：E(\hat{\beta}'_{m+1})=0$$

$$\text{备选假设} \qquad H_A：E(\hat{\beta}'_{m+1}) \neq 0$$

则构成新的统计量为

$$T=\frac{\Delta S_2}{S_{m+1}/\ (n-m+2)}=\frac{\Delta S_2\ (n-m+2)}{S_{2+1}} \tag{10-66}$$

当 $T>F_{1,n-m-2,1-\alpha}$ 时，拒绝零假设，则说明增加自变量对因变量 y 的作用显著，应归入回归方程，否则不应增加新的自变量。

（2）逐步回归算法的步骤。

由于回归方程各变形影响因子之间具有相关性，接纳或舍去某一个因子后将对其他因子产生影响，因此需要按一定的步骤进行，基于上述检验的逐步回归算法的步骤可归纳如下：

①由定性分析所得对因变量 y 的影响因子有 m 个，分别由每一因子建立 m 个一元线性回归方程，在所求得的相应的残差平方和 S_2 中选与最小的 S_2 对应的因子，作为第一个因子入选回归方程。对该因子进行 F 检验，当其影响显著时，接纳该因子进入回归方程。

②对余下的 $m-1$ 个因子，再分别依次选一个，建立二元线性方程（共有 $m-1$ 个），分别计算它们的残差平方和及各因子的偏回归平方和，并选择与 $\max\ (\hat{\beta}_j^2/C_{jj})$ 对应的因子为预先因子，作 F 检验，若影响显著，则接纳此因子进入回归方程。

③选第三个因子，方法同②，则共建立 $m-2$ 个三元线性回归方程，分别计算它们的残差平方和及各因子的偏回归平方和，同样，选择 $\max\ (\hat{\beta}_j^2/C_{jj})$ 的因子为预选因子，并作 F 检验，若影响显著，则接纳此因子进入回归方程。在选入第三个因子后，对原先已入选的回归方程因子应重新进行显著性检验，在检验出不显著因子后，应将其剔除出回归方程，然后继续检验已入选的回归方程因子的显著性。

④在确认选入回归方程的因子均为显著因子后，则继续开始从未选入方程的因子中挑选显著因子进入回归方程，其方法与步骤③同。反复运用 F 检验进行因子接纳与剔除，直至得到所需的最佳回归方程。

2. 人工神经网络法

人工神经网络是人工智能中一个活跃的研究领域，由于其独特的联络结构和并行信息处理技术，已得到相关领域的高度重视。在变形监测数据处理及信息分析、评判等方面，由于各因素之间的复杂关系和不确定性，使数据处理存在一定的困难，神经网络法是一种有效解决问题的新方法和新途径，将大有可为。

1）人工神经网络的基本概念

人工神经网络（Artificial Neural Network，ANN），是在人类对其大脑神经网络认识理解的基础上人工构造的能够实现某种功能的神经网络。它是理论化的人脑神经网络的数学模型，是基于模仿大脑神经网络结构和功能而建立的一种信息处理系统。它实际上是用大量简单元件相互连接而成的复杂网络，具有高度的非线性，能够进行复杂的逻辑操作和非线性关系实现。它吸取了生物神经网络的许多优点，因而具有高度的并行性、高度的非线性全局作用、良好的容错性、联想记忆功能和十分强大的自适应、自学习功能。

神经网络理论是在现代神经科学研究成果的基础上提出来的，它反映了人脑功能的若干特性，但并非神经系统的逼真描述，而只是其简化抽象和模拟。从不同的研究目的和角度而言，它可作用于大脑结构模型、认识模型、计算机信息处理方式或算法结构中。

(1) 人工神经网络的特点。

① 以分布方式存储知识，知识不是存储在特定的存储单元中，而是分布在整个系统中。

② 以并行方式进行处理，即神经网络的计算功能分布在多个处理单元中，大大提高了信息处理和运算的速度。

③ 有很强的容错能力，它可以从不完善的数据和图形中通过学习作出判断。

④ 可以用来逼近任意复杂的非线性系统。

⑤ 有良好的自学习、自适应、联想等智能，能适应系统复杂多变的动态特性。

正是由于人工神经网络的以上特点，使其在变形监测数据处理与分析预报方面有着广泛的应用前景。

(2) 神经细胞的结构。

图 10-11　神经元的结构

神经网络系统的基本结构是神经细胞，也称为神经元。每个神经细胞主要包括细胞体、树突、轴突和突触四个部分，如图 10-11 所示。这几个部分既相互联结，又各有特色，每个部分完成某种基本功能，以达到神经细胞整体上完成复杂的信息处理和思维活动。

① 细胞体：由细胞核、细胞质和细胞膜等组成。

② 树突：是细胞向外伸出的许多分支，其作用是收集由其他神经细胞传来的信息，相当于细胞的"输入端"。信息流从树突出发，经过细胞体，然后由轴突传出。

③ 轴突：是细胞体向外伸出的最长的一条分支，即神经纤维。它的功能是传出从细胞体送来的信息，相当于细胞的输出。

④ 突触：是两个神经细胞之间相互接触的点，每个细胞大约有近 1000 个突触，突触有兴奋型和抑制型两种类型。一个细胞内传送的冲击，通过突触将在第二个细胞内引起冲击响应，这种冲击信号只能沿一个方向传递。

（3）神经网络的处理单元。

人工神经网络的处理单元就是人工神经元，也称为节点。处理单元用来模拟生物的神经元，但只模拟了其中 3 个功能：①对每个输入信号进行处理，以确定其强度（权值）；②确定所有输入信号组合的效果（加权和）；③确定其输出（转移特性）。

图 10-12 是处理单元示意图。输入信号来自外部或其他处理单元的输出，分别为 x_1，x_2，$\cdots$，x_n，其中 n 为输入的数目。连接到节点 j 的权值相应为 w_{1j}，w_{2j}，$\cdots$，w_{nj}，其中 w_{ij} 表示从节点 i（或输入点 i）到节点 j 的权值，即 i 和 j 节点间的连接强度。w_{ij} 可以为正，也可以为负，分别表示兴奋型突触或抑制型突触。

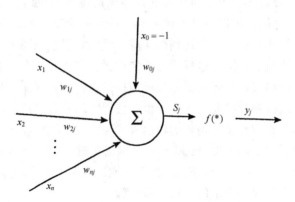

图 10-12　处理单元示意图

处理单元的内部门限为 θ_j，若用 $x_0 = 1$ 的固定偏量输入表示，其连接强度取 $w_{0j} = \theta_j$，于是输入的加权总和为

$$S_j = \sum_{i=1}^{n} w_{ij} - x_i - \theta_j = \sum_{i=1}^{n} w_{ij} \cdot x_i \tag{10-67}$$

如果用向量表示，则

$$X = (x_0,\ x_1,\ x_2,\ \cdots,\ x_n)^{\mathrm{T}}$$
$$W_j = (w_{0j},\ w_{1j},\ \cdots,\ w_{nj})^{\mathrm{T}}$$
$$S_j = W_j^{\mathrm{T}} \cdot X \tag{10-68}$$

S_j 通过转移函数 $f\ (0)$ 的处理，可得到处理单元的输出为

$$y_j = f\ (S_j) = f\ (\sum_{i=0}^{n} w_{ij} \cdot x_i) = f\ (W_j^{\mathrm{T}} \cdot X) \tag{10-69}$$

（4）处理单元的转移函数。

转移函数又称激励函数，它描述了生物神经的转移特性。在神经网络中，处理单元最常用的转移函数有如下两类：

① 符号函数，如图 10-13（a）所示，即

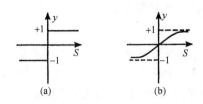

图 10-13　处理单元的转移函数

$$y = f\ (s) = \begin{cases} 1, & \text{当 } S \geqslant 0 \\ -1, & \text{当 } S < 0 \end{cases} \tag{10-70}$$

② S 型函数，如图 10-13（b）所示，常表示成对数函数

$$y = f\ (s) = \frac{1}{1 + \mathrm{e}^{-s}}, \qquad -\infty < s < \infty \tag{10-71}$$

2）BP 网络的学习算法

BP 网络的学习过程是由正向传播和误差反向传播组成的。当给定网络一组输入模式时，BP 网络将依次对这组输入模式中的每个输入模式按以下方式进行学习：①把输入模式从输入层传送到隐含层，经隐含层节点逐层处理后，产生一个输出模式传至输出层，这一过程称为正向传播。②若经正向传播在输出层没有得到所期望的输出模式，则转为误差反向传播过程，即把误差信号沿原连接路径返回，并通过修改各层神经元的连接权值，使误差信号为最小。③重复正向传播和反向传播过程，直至得到所期望的输出模式为止。

BP 网络模型结构如图 10-14 所示，设网络的输入为 $x\ (x_1, x_2, \cdots, x_n)$，目标输出为 $D = (d_1, d_2, \cdots, d_n)$，而实际输出为 $Y = (y_1, y_2, \cdots, y_m)$，依据以上网络的学习过程，网络的一般学习步骤为

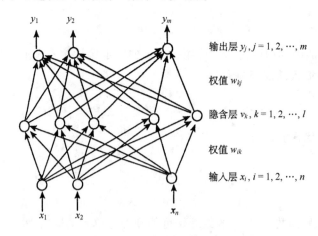

图 10-14　BP 网络模型结构

（1）用均匀分布随机数将各权值设定为一个小的随机数，作为节点间连接权的初值和阈值。

（2）计算网络的输出 Y 值，并有以下的步骤：

①对于输入层节点，其输出 O'_i 与输入数据 x_i 相等，即 $O'_i = x_i$，$i=1,2,\cdots,n$。

②对于隐含层节点，其输入为

$$\mathrm{net}_k^H = \sum_{i=1}^{n} \omega_{ki}^{HI} O_i^{\mathrm{T}}, \qquad k=1,2,\cdots,l \tag{10-72}$$

输出为

$$O_k^H = f\left(\mathrm{net}_k^H - \theta_k^H\right) \tag{10-73}$$

式中，ω_{ki}^{HI} 为隐含层节点 K 与输入层节点 i 的连接权；θ_k^H 为隐含层节点 k 的初值；l 为隐含层节点个数；O_i^I 为输入层节点 i 的输出，即 x_i；f 为 sigmoid 函数。

③对于输出层节点，其输入为

$$\mathrm{net}_j^0 = \sum_{k=1}^{l} \omega_{jk}^{OH} O_k^H, \qquad j=1,2,\cdots,m \tag{10-74}$$

输出为

$$y_i = f\left(\mathrm{net}_j^0 - \theta_j^0\right) \tag{10-75}$$

式中，ω_{jk}^{OH} 为输出层节点 j 与隐含层节点 k 的连接权；θ_j^0 为输出层节点 j 的阈值。

（3）输出层节点 j 的误差为

$$e_j = d_j - y_j \tag{10-76}$$

通过计算所有输出层节点的误差平方总和，可得到能量函数为

$$E = \frac{1}{2} \sum_{j=1}^{m} (d_j - y_j)^2 \tag{10-77}$$

式中 E 如果小于规定的值，直接转步骤（5），否则继续顺延步骤（4）。

（4）调整权值：

①对于输出层节点与隐含层节点的权 ω_{jk}^{OH} 调整为

$$\overline{\omega}_{jk}^{OH} = \omega_{jk}^{OH} + \Delta\omega_{jk}^{OH}$$
$$\Delta\omega_{jk}^{OH} = \eta\delta_j^0 \cdot O_k^H$$
$$\delta_j^0 = (d_j - y_j) \cdot y_j (1 - y_j) \tag{10-78}$$

式中，η 为训练速率，通常 $\eta = 0.01 \sim 1$。

②对于隐含层节点与输入层节点的权 ω_{ki}^{HI} 调整为

$$\overline{\omega}_{jk}^{HI} = \omega_{jk}^{HI} + \Delta\omega_{jk}^{HI}$$
$$\Delta\omega_{jk}^{HI} = \eta\delta_k^H \cdot O_i^I$$
$$\delta_k^H = O_k^H (1 - O_k^H) \sum_{j=1}^{m} \delta_j^0 \omega_{jk}^{OH} \tag{10-79}$$

（5）进行下一个训练样本，直至训练样本集合中的每一个训练样本都满足目标输出，则 BP 网络学习完成。

3）BP 模型在滑坡及沉降预测中的应用

BP 模型在滑坡及沉降预测等多种变形监测中广泛应用，充分显示了人工神经网络的各种功能和优势，取得了良好的效果。

例 10-1　BP 模型用于滑坡变形预测。用某一滑坡体发生滑动前若干天的实测位移量作为训练样本集，输入网络进行学习，经过多次迭代学习，BP 神经网络模型就能较好地模拟观测位移量。表 10-1 为几个典型滑坡的实测位移量和网络学习结果。同时，在已学习训练好的网络上，若输入要预测位移量的日期，网络便可输出该日的位移预测值。表 10-2 为其预测结果。比较表 10-1 和表 10-2 可以看出，BP 网络模型的预测位移量和实测值较为接近。

表 10-1　几个典型滑坡的学习结果　　　　　单位：m

A 区			B 区			C 区		
日　期	实测位移	学习结果	日　期	实测位移	学习结果	日　期	实测位移	学习结果
9.22	0.025	0.045	9.18	0.01	0.019	3.25	8	8.9
9.23	0.032	0.014	9.25	0.08	0.073	3.30	10	10.0
9.24	0.055	0.042	10.1	0.20	0.194	4.5	12	11.7
9.25	0.100	0.122	10.5	0.30	0.321	4.10	14	13.5
9.26	0.300	0.293	10.7	0.40	0.386	4.15	17	16.0
			10.8	0.50	0.430	4.20	20	20.0
						4.25	25	25.5
						4.30	32	35.0
						5.2	42	40.0
						5.3	48	47.7

表 10-2　BP 网络对几个典型滑坡的预测结果　　　　　单位：m

A 区		B 区		C 区	
日　期	预测位移量	日　期	预测位移量	日　期	预测位移量
9.26	0.293	10.7	0.386	4.30	35.0
9.27	0.534	10.8	0.430	5.2	40.0
9.28	0.746	10.9	0.467	5.3	47.7
9.29	0.867	10.10	0.500	5.4	58.0

例 10-2　BP 模型用于沉降预测。为了监测某钢铁公司一号高炉的沉降变形，已进行了长期的沉降观测。现利用 BP 模型根据实测数据进行预测，预测结

果和实测值对比见表 10-3。由表 10-3 可见，BP 模型用于沉降预测效果良好，具有较高的精度和可靠性。

表 10-3　BP 网络用于高炉沉降预测的结果

测量时间/a	实测值/mm	预测值/mm	误差/%
1	27.9		
2	43.4		
3	51.7		
4	69.7		
5	76.3	76.32	−0.026
6	84.0	83.69	0.369
7	91.3	91.33	−0.033
8	97.4	96.56	0.862
9	100.9	101.00	−0.099
10	104.6	103.33	1.214
11	107.4	106.35	0.978
12	109.3	111.62	−2.122
13	115.7	114.53	1.011
14	116.0	115.54	0.397
15		121.11	

3. 其他方法简介

变形监测的数据处理方法除了前面所述的方法外还有很多，如时间序列分析法、灰色系统分析法、频谱分析法、Kalman 滤波法、小波分析法等。考虑到篇幅等问题，在此只作简单介绍。

1）时间序列分析法

时间序列分析法是一种现代数据处理方法，是系统辨识与系统分析的重要方法之一，也是一种动态数据处理方法。时间序列分析的特点在于：逐次的观测值通常是不独立的，而且分析必须考虑到观测资料的时间顺序，当逐次观测值相关时，未来数值可以由过去的观测资料来预测，可以利用观测数据之间的自相关性建立相应的数学模型来描述客观现象的动态特性。在时间序列分析中，一般只针对单测点，若顾及各测点间的相关性进行多点的关联变形分析，则可能取得更好的效果。

2）灰色系统分析法

灰色系统是用来解决信息不完备系统的数学方法，它把控制论的观点和方法延伸到复杂的大系统中，将自动控制与运筹学的数学方法结合，用独树一帜的方法和手段，研究了广泛存在于客观世界中的具有灰色性的问题。

灰色系统克服了系统分析对于统计数据量较大情况下的处理较为有效，但对于数据量少的贫信息系统分析棘手的不足。灰色系统理论研究就是贫信息建模，它提供了贫信息情况下解决系统问题的新途径，它把一切随机过程都看作是一定范围内变化的、与时间有关的灰色过程，对灰色量不是寻找统计规律的角度，通过大量样本进行研究，而是用数据生成的方法，将杂乱无章的原始数据整理成规律性较强的生成数列后再研究。

3）频谱分析法

频谱分析法是动态观测时间序列研究的一个途径。该方法将时域内的观测数据序列通过傅里叶级数转换到频域内进行分析，它有助于确定时间序列的准确周期并判别隐蔽性和复杂性的周期数据。

对于具有周期性变化的变形时间序列（大坝的水平位移一般都具有周期性），可采用傅里叶变换将时域信息转到频域进行分析，通过计算各谐波频率的振幅，找出最大振幅所对应的主频，揭示变形的变化周期。若将测点的变形量作为输出，与测点有关的环境量作为输入，通过对相关函数、频率响应函数和响应谱函数进行估计，可以分析出输入输出之间的相关性，进行变形物理解释，确定输入的贡献和影响变形的主要因子。

4）Kalman 滤波法

Kalman 滤波技术是 20 世纪 60 年代初由卡尔曼（Kalman）等提出的一种递推式滤波算法，它是一种对动态系统进行实时数据处理的有效方法。它借助于系统本身的状态转移矩阵和观测资料，实时最优估计系统状态，并且能对未知系统状态进行预报。因此，这种方法可用于动态系统的实时控制和快速预报。卡尔曼滤波法已在变形监测中得到广泛应用，并取得了较好的效果。

5）小波分析法

小波理论作为多学科交叉的结晶在变形监测中被广泛应用。小波交换被誉为"数字显微镜"，它能从时频域的局部信号中有效地提取信息。利用离散小波变换对变形观测数据进行分解和重构，可有效地分离误差，能更好地反映局部的变形特征和整体变形趋势。与傅里叶变换相似，小波变换能探测周期性的变形。将小波变换应用于动态变形分析，可构造基于小波多分辨卡尔曼滤波模型。将小波的多分辨分析和人工神经网络的学习逼近能力相结合，建立小波神经网络组合预报模型，可用于线性和非线性系统的变形预报。

习题与思考题

1. 叙述 GPS 变形监测的特点和自动化系统。

2. 试述测量机器人在变形监测中的应用。

3. 试述传感器在变形监测中的优势和发展。

4. 目前传感器在变形监测中的应用主要有哪几种？其基本原理是什么？

5. 变形监测网和变形监测点的数据处理相互间有什么区别？各自有什么特点？

6. 变形监测网的数据处理主要有哪几种方式？其基本原理是什么？

7. 变形监测点数据处理主要有哪几种方式？各有什么特点？

8. 掌握人工神经网络的基本概念。

第11章 精密工程测量数据处理

11.1 概 述

一个被测量的真值，是测量人员采用一定的测量仪器和各种测量方法获得真值的近似值。由于测量人员的技术水平和责任心，以及所采用的仪器设备与外界观测环境条件等的综合影响，误差存在是绝对的，不存在是相对的，只是存在误差大小的区别。

在精密工程测量中，由于测量精度要求高，测量技术和措施要求比较严，所以测量结果较好。针对这种情况，精密工程测量数据处理既要对观测结果进行粗差剔除，还要慎重考虑影响较小误差的各种因素，并采用相应的处理方法，确保测量结果的精度和可靠性。

11.1.1 误差来源

精密工程测量中，由于被测量的环境条件比较特殊，有高层建筑、地下工程、跨江跨海和狭窄的空间等，测量时常受到大气折光、温度、湿度、风力、采光、振动和磁场等多种因素的影响，同时还受到测量仪器、观测人员的技术水平、测量方法和被测对象变化等综合影响。因此，测量误差总体来说有仪器误差、测量方法误差、测量环境误差和测量人员误差等四个来源。

1. 仪器误差

精密工程测量所用的仪器种类多、型号多。在测距方面有铟钢基线仪、测距仪、全站仪和精密偏距测量装置等。在高程测量方面有高精度液体静力水准仪、电子水准仪、微距水准仪和精密光学水准仪 N_3 等。在角度测量方面有精密光学经纬仪 T_2、T_3，光栅度盘、编码度盘，电子测微系统以及定向、定位仪器，如 GPS、激光类仪器、陀螺经纬仪等。还有许多结合现代先进技术和自动化测控研制而成的专用仪器等。

各类测量仪器在设计、加工、装配和调试过程中，不可避免地存在误差。如测距仪的频率误差、相位不均匀误差、幅相误差等。有些仪器在出厂时就存在一些修正值，如测距仪的加常数、乘常数、周期误差等。用户在使用前必须对仪器常数进行检测，又会产生仪器常数检测误差。有些仪器的结构和制造材料不十分科学，受到外界因素的影响，也可能产生微小的误差。同时测量仪器的附件也可能产生误差，如电子类仪器的电源电压的变化及温度计、气压计的测量误差等，都可能产生误差。

2. 环境误差

任何测量总是在一定的环境里进行的。环境由多因素组成，如测量环境的温度、湿度、气压、风力、风向、烟尘、折光、振动、强磁场及地形地貌（水域、沙地）等。环境误差是指由于各种环境因素综合影响所造成的测量误差。实际上被测量在不同的环境中测量，其结果是不同的。事实已证明，环境对测量结果有一定的影响，是测量误差的来源之一。

环境造成测量误差的主要原因是测量仪器与附件会随着环境的变化而变化。例如，温度的变化能使测量仪器某部分的几何尺寸发生变化，也可能引起电子元件参数发生变化；大气折光和强磁场可能引起光波、电磁波传输路径发生变化；地表的水面或反射体可能使测量信号产生副反射或多路径。所以，在测量精度要求较高的测量中，应选择最佳的观测环境和观测时间或标准环境。当测量环境太差或偏离标准环境较远时，测量就会产生较大的误差。

测量环境除了偏离标准环境所产生的误差外，还有各种环境因素微小变化的综合影响，也可能产生测量误差。整个测量过程中，各个环境因素，如温度、湿度、气压、风向、照明度、电磁场强度及大地微震等，均处在不断的变化中。由于各因素变化程度不一样，对测量的影响大小也各不相同，因此，它们对测量的综合影响也在不断地发生变化，从而引起测量环境微观变化的测量误差。

环境因素造成的测量误差有的可以通过理论分析和科学实验获得改正公式加以改正，如测距仪测量距离可加气象改正。但有些因素，如含尘量、电磁场、光照、震动等微小变化造成的测量误差无法作定量分析和改正，只能避开恶劣环境或选择最佳观测环境。例如，野外测量在日出日落前后并有微风的环境下测量效果最佳。

3. 测量方法误差

测量方法误差是指在整个测量过程中由于测量方法（包括测量数据处理）不完善而引起的误差。目前，测量所采用的仪器和方法都很多，事实已充分证明，任何测量方法都存在误差，只是误差大小有区别，不存在不产生误差的尽善尽美的测量方法。国家及各部委都颁布了许多测量规范，测量时通常根据被测量的精度要求进行选择。测量方法误差最基本的是仪器整平、对中误差、照准误差、读数误差、仪器高测量误差等。更重要的是合理选择测回数或（GPS）同步观测时间等，若选择不当也很难达到精度要求。观测时间选择也会产生误差，如盛夏在野外观测，由于天气炎热，大气抖动厉害，中午就不宜进行水平角观测。测量距离时，若用铟钢基线尺丈量，由于丈量地段不水平也会产生误差；若用测距仪测距，视线（电磁波）离墙体或地面小于 1m 时，受旁折光影响也会产生误差。

在测量数据处理时，若采用的模型方法不科学或不完善也会引起误差。若对观测数据中的粗差没有及时剔除或误差分配不合理，同样也会使测量结果产生误差。

4. 测量人员误差

测量人员误差是指测量人员由于生理机能限制、固有习惯性偏差及疏忽或粗心大意等原因造成的误差，或者说由于测量人员的技术水平和责任心不够而产生的误差，也称测量误差。尽管目前自动化测量有一定的发展，但毕竟还是少量的，绝大多数测量还需要人工操作，用眼睛观测和估计，用笔记录。测量人员由于种种原因可能产生看错目标、瞄准偏差和读数错误；记录人员可能错听、错记数据或编号；数据处理人员可能抄错（已知点、观测点）数据或计算错误等。以上所述三种测量人员可能产生的误差，属于人为因素引起的误差，尽管出现的概率很小，但仍有存在的可能，应重点加以防范。

11.1.2　误差类型

按测量误差对测量结果影响的性质不同，可将测量误差分为偶然误差、系统误差和粗差三大类。

1. 偶然误差

偶然误差是指在相同的观测条件下，对某量进行一系列观测，单个误差的出现没有一定的规律，其数值大小和正负号都不固定，表现出偶然性，这种误差称为偶然误差，又称为随机误差。

偶然误差反映了观测结果的精密度。精密度是指在同一观测条件下，用同一观测方法对某量多次观测时各观测值之间的相互离散程度。例如，以高精度经纬仪测角时，就单一观测值而言，由于受照准误差、读数误差、外界环境条件变化所引起的误差及仪器自身不完善引起的误差等综合影响，测角误差大小和正负号以不可预定的方式变化，没有确定的规律，具有偶然性。在相同的条件下对某一平面三角形的三个内角重复观测多次，由于观测值存在误差，故每次观测所得的三个内角和不等于 180°。通过大量的统计数据，可以总结出在相同条件下进行独立观测而产生的一组偶然误差，具有以下五个特性：

（1）在一定的观测条件下，偶然误差的绝对值不会超过一定的限度，即偶然误差具有有界性。

（2）所有的观测值以其算术平均值为中心相对集中分布，绝对值小的误差出现的机会大于绝对值大的误差出现的机会。

（3）绝对值相等而符号相反的误差，出现的次数大致相等，具有对称性。

（4）在相同条件下，对同一量进行重复观测，偶然误差的算术平均值随着观测次数的增加而趋于零。

（5）偶然误差服从或近似服从正态分布。

2. 系统误差

在相同的观测条件下，对某量进行的一系列观测中，数值大小和正负符号固定不变或按一定规律变化的误差，称为系统误差。

由于测量应用的仪器和测量方法不同，产生系统误差的原因可能各不相同，但它们的共同特点是确定的变化规律，这就使误差的变化具有确定的规律性。各系统误差的成因不同，所表现的规律也不同。按其变化规律，系统误差可分为定值系统误差、线性系统误差和周期变化的系统误差。

1）定值系统误差

定值系统误差是指在一定测量条件下，误差的符号和绝对值保持不变的系统误差。定值系统误差又称恒定系统误差或常差。典型例子是仪器的零点误差或固定误差，在测量过程中对观测结果的影响是一个常差。

2）线性变化的系统误差

线性变化的系统误差是指在测量过程中，误差按线性规律变化的系统误差，又称比例误差。典型例子是钢尺的尺长误差或测距仪的乘常数等，均为线性变化的系统误差。

3）周期性变化的系统误差

周期性变化的系统误差是指在测量过程中，误差呈周期性变化的系统误差。典型例子是测距仪的周期误差。

3. 粗差

观测过程中由于种种原因存在的粗大误差或错误，称为粗差。粗差是由于测量人员使用仪器不正确或疏忽大意，测错、读错、听错、记错和算错等造成的错误，或因外界条件发生意外的显著变动而引起的差错。粗差的数值往往偏大，使观测结果显著偏离真值。

上述三类误差中，偶然误差和系统误差是属于不可避免的正常性误差，而粗差则属于能够避免的非正常性误差，是不允许存在的，因此，在数据处理中，必须对含有粗差的异常值予以剔除，使测量结果只含有偶然误差和系统误差的影响。

11.2　粗差判别与剔除

在精密工程测量中，由于各种原因或环境条件突变等，可能使观测数据存在粗差。这种误差的分布不服从正态分布，具有极大的随机性，对测量结果将产生严重的影响。在对测量数据进行处理的过程中，往往不能确切知道是否存在粗差，通常应用统计的方法进行判别。其原理是在相同的观测条件下的一系列观测值应服从某种概率分布，在给定某个置信水平时，确定一个相应的置信区间或置信上、下限（或临界值），凡超过这个界限的观测值，就认为含有粗差，应予以剔除。

粗差的统计判别方法很多，这里主要介绍三种常用的方法：莱因达（3S）准则、格拉布斯准则和狄克逊准则。

11.2.1　莱因达（3S）准则

莱因达准则的前提条件是观测值不含系统误差，偶然误差服从正态分布。

若对某被测量进行等精度重复观测 n 次，观测值分别为 x_1，x_2，$\cdots$，x_n，如果某观测值的误差大于三倍的标准偏差 S 时，即

$$|V_i| > 3S$$

则认为该误差为粗差，该次观测值为异常值，应剔除。

莱因达准则的合理性是明显的。对服从正态分布的随机误差，其残余误差落在 $(-3S, 3S)$ 以外的概率仅为 0.27%，即 370 次测量才出现一次粗差，对有限次测量来说，可认为产生的概率很小或认为不可能产生。以下用实例加以说明。

例 11-1　用等精度测量某被测量（距离）15 次，把观测值列入表 11-1，试用莱因达准则判别该测量列中是否存在含有粗差的异常值。

解　首先根据测量数据计算算术平均值和残余误差

$$\overline{X} = \frac{1}{15} \sum_{i=1}^{15} x_i = 20.404$$

$v_i = x_i - \overline{X}$，其值列于表 11-1，标准差

表 11-1

n	x_i	v_i	v_i^2	v'_i	v'^2_i
1	20.42	$+0.016$	0.000 256	$+0.009$	0.000 081
2	20.43	$+0.026$	0.000 676	$+0.019$	0.000 361
3	20.40	-0.004	0.000 016	-0.011	0.000 121
4	20.43	$+0.026$	0.000 676	$+0.019$	0.000 361
5	20.42	$+0.016$	0.000 256	$+0.009$	0.000 081
6	20.43	$+0.026$	0.000 676	$+0.019$	0.000 361
7	20.39	-0.014	0.000 196	-0.021	0.000 441
8	20.30	-0.104	0.010 816		
9	20.40	-0.004	0.000 016	-0.011	0.000 121
10	20.43	$+0.026$	0.000 676	$+0.019$	0.000 361
11	20.42	$+0.016$	0.000 256	$+0.009$	0.000 081
12	20.41	$+0.006$	0.000 036	-0.001	0.000 001
13	20.39	-0.014	0.000 196	-0.021	0.000 441
14	20.39	-0.014	0.000 196	-0.021	0.000 441
15	20.40	-0.004	0.000 016	-0.011	0.000 121
	$\bar{l}=20.404$	$\sum v_i = 0$	$\sum v_i^2 = 0.014\,960$		$\sum v'^2_i = 0.003\,374$

$$S=\sqrt{\frac{\sum v_i^2}{n-1}}=\sqrt{\frac{0.014960}{15-1}}=0.033$$

$$3S=0.099$$

用莱因达准则判别残余误差

$$\mid v_8 \mid_{max}=0.104>3S=0.099$$

则 v_8 为粗差，所对应的观测值 $x_8=20.30$ 为异常值，应剔除。剔除之后剩余的 14 个观测值还需重新判别。这里要注意一点，重新判别时的测量次数应相应地减少一次。根据剩下的 14 个观测值重新计算

$$\overline{x}'=\frac{1}{14}\sum_{i=1}^{14}x_i=20.411$$

$v_i'=x_i-\overline{x}'$（v_8 不存在）如表 11-1 所示

$$S'=\sqrt{\frac{\sum_{i=1}^{14}v'^2}{n-2}}=\sqrt{\frac{0.003374}{15-2}}=0.016$$

用莱因达准则判别，14 个观测值的残余误差 v'_i 的绝对值均小于 $3S'$，故不再含有粗差。

从以上实例可以清楚地看出，莱因达准则是一个操作简单、可靠但又非常保守的准则，当测量次数 $n \leqslant 10$ 时，即使存在粗差，也难以判别出来。因此，在观测次数较少时，不宜使用莱因达准则，而当观测次数大于 30 次以上时较为适宜。

11.2.2　格拉布斯（Grubbs）准则

若对被测量（距离）等精度观测 n 次，得观测值 x_1，x_2，…，$-x_n$。假定观测值不含系统误差且服从正态分布，分别计算出观测值的算术平均值和标准偏差

$$\overline{x} = \frac{1}{n} \sum_{i=1}^{n} x_i$$

$$v_i = x_i - \overline{x}$$

$$S = \sqrt{\frac{\sum_{i=1}^{n} v_i^2}{n-1}}$$

为了方便判别观测值是否存在异常值，将观测值按其大小排序，由小到大排列成顺序统计量

$$x_{(1)} \leqslant x_{(2)} \leqslant \cdots \leqslant x_{(n)}$$

若认为 $x_{(1)}$ 是可疑观测值，则有统计量

$$g_{(1)} = \frac{x_{(1)} - \overline{x}}{S} \tag{11-2}$$

若认为 $x_{(n)}$ 是可疑观测值，则有统计量

$$g_{(n)} = \frac{x_{(n)} - \overline{x}}{S} \tag{11-3}$$

当 $g_{(i)} \geqslant g_0(n, \alpha)$ 时，则认为观测值 x_i 含有粗差，应予以剔除。

$g_0(n, \alpha)$ 是观测次数为 n、置信水平为 α 时的统计量临界值，由表 11-2 查取。

格拉布斯准则还可以用残余误差的形式表达。若测量中的可疑值 x_i 对应的残余误差 $|v_i|_{max}$ 满足

$$|v_i|_{max} > g_0(n, \alpha) S$$

则认为该可疑值 x_i 是含有粗差的异常值，应剔除。

例 11-2　用格拉布斯准则判别下列一组等精度观测所得出的观测值中是否存在异常值。

　　55.2，54.7，56.2，55.3，55.5，54.9，56.7，55.2，54.7，58.4

表 11-2　$g\ (n,\ \alpha)$ 表

n	α		n	α	
	0.05	0.01		0.05	0.01
3	1.15	1.16	17	2.48	2.78
4	1.46	1.49	18	2.50	2.82
5	1.67	1.75	19	2.53	2.85
6	1.82	1.94	20	2.56	2.88
7	1.94	2.10	21	2.58	2.91
8	2.03	2.22	22	2.60	2.94
9	2.11	2.32	23	2.62	2.96
10	2.18	2.41	24	2.64	2.99
11	2.23	2.48	25	2.66	3.01
12	2.28	2.55	30	2.74	3.10
13	2.33	2.61	35	2.81	3.18
14	2.37	2.66	40	2.87	3.24
15	2.41	2.70	50	2.96	3.34
16	2.44	2.75	100	3.17	3.59

注：表中的 $g_0\ (n,\ \alpha)$ 值是按 $\dfrac{x_{in}-\overline{x}}{S}$ 分布计算得出的，其中 S 用贝塞尔公式计算。

解　首先计算观测值的算术平均值和标准差

$$\overline{x}=\frac{1}{10}\sum_{i=1}^{10}x_i=55.68$$

$$v_i=x_i-\overline{x}$$

v_i 分别为 -0.48，-0.98，0.52，-0.38，-0.18，-0.78，1.02，-0.48，-0.98，2.72

$$S=\sqrt{\frac{\sum v_i^2}{n-1}}=\sqrt{\frac{11876}{10-1}}=1.149$$

确定绝对值最大的残余误差 $|\,v_{10}\,|_{max}$ 和所对应的可疑值，$|\,v_{10}\,|_{max}=2.72$，可疑观测值 $x_{10}=58.4$，取 $\alpha=0.01$，由 $n=10$ 查表 11-2 得 $g_{(10,0.01)}=2.41$。

利用格拉布斯准则判别

$$g_{(10,0.01)}\times S=2.41\times1.149=2.769$$

$$|\,v_i\,|_{max}=|\,v_{10}\,|=2.72<2.769$$

故 x_{10} 不是粗差，也不存在异常值，应保留。

11.2.3　狄克逊（Dixon）准则

前面介绍的两种粗差判别准则，都需要求出观测值算术平均值 $\bar{x}$、残余误差 v_i 和标准偏差 S。在实际工作中，计算工作量大，相对比较麻烦。狄克逊准则直接根据观测值，按其大小顺序重新排列后的顺序统计量来判别观测值是否为异常值，可免去计算 $\bar{x}$、v_i 和 S 的繁重劳动。

狄克逊准则也是以观测值中不含有系统误差且服从正态分布为前提条件的。

若对某被测量等精度测量 n 次，得观测值 x_1，x_2，$\cdots$，x_n，将此观测值由小到大按顺序重新排列成

$$x_{(1)} \leqslant x_{(2)} \leqslant \cdots \leqslant x_{(n)}$$

按狄克逊准则导出顺序统计量为

$$d_{10} = \frac{x_{(n)} - x_{(n-1)}}{x_{(n)} - x_{(1)}} \quad 或 \quad d'_{10} = \frac{x_{(1)} - x_{(2)}}{x_{(1)} - x_{(n)}}$$

$$d_{11} = \frac{x_{(n)} - x_{(n-1)}}{x_{(n)} - x_{(2)}} \quad 或 \quad d'_{12} = \frac{x_{(1)} - x_{(2)}}{x_{(1)} - x_{(n-1)}}$$

$$d_{21} = \frac{x_{(n)} - x_{(n-2)}}{x_{(n)} - x_{(2)}} \quad 或 \quad d'_{21} = \frac{x_{(1)} - x_{(3)}}{x_{(1)} - x_{(n-1)}}$$

$$d_{22} = \frac{x_{(n)} - x_{(n-2)}}{x_{(n)} - x_{(3)}} \quad 或 \quad d'_{22} = \frac{x_{(1)} - x_{(3)}}{x_{(1)} - x_{(n-2)}}$$

的分布及其在给定显著度 α 下的临界值 d_0（n，α），见表 11-3。

表 11-3　临界值 d_0（n，α）

序号	1	2	3	4	5	6	7	8	9	10
$x_{(i)}$	5.27	5.28	5.28	5.29	5.29	5.30	5.30	5.31	5.31	5.32

若 $d_{ij} > d_0$（n、α），则认为相应的最大值或最小值为含有粗差的异常值，应剔除。

狄克逊通过大量的实验证明，当 $n \leqslant 7$ 时，使用 d_{10} 效果好；当 $8 \leqslant n \leqslant 10$ 时，使用 d_{11} 效果好；当 $11 \leqslant n \leqslant 13$ 时，使用 d_{21} 效果好；当 $n \geqslant 14$，使用 d_{22} 效果好。

例 11-3　用狄克逊准则判别下列观测值中是否存在异常值。同样，观测值中不含系统误差且服从正态分布。

x_i：5.29，5.30，5.31，5.30，5.32，5.29，5.28，5.27，5.31，5.28

解　首先将观测值按大小顺序排列于表 11-3。

由于 $n = 10$，根据狄克逊准则，应按 d_{11} 计算统计量，首先检验 $x_{(10)}$ 是否是

异常值

$$d_{11}=\frac{x_{(n)}-x_{(n-1)}}{x_{(n)}-x_{(2)}}=\frac{5.32-5.31}{5.32-5.28}=0.250$$

若取 $\alpha=0.01$，查表 11-4 得临界值 d_0 （10，0.01）=0.597，则有

表 11-4　d_0 （n，α）数值表

统计量	n	α	
		0.05	0.01
		d_0 （n，α）	
$d_{10}=\frac{x_{(n)}-x_{(n-1)}}{x_{(n)}-x_{(1)}}$ $\left(d'_{10}=\frac{x_{(1)}-x_{(2)}}{x_{(1)}-x_{(n)}}\right)$	3	0.941	0.988
	4	0.765	0.889
	5	0.642	0.780
	6	0.560	0.698
	7	0.507	0.637
$d_{11}=\frac{x_{(n)}-x_{(n-1)}}{x_{(n)}-x_{(2)}}$ $\left(d'_{11}=\frac{x_{(1)}-x_{(2)}}{x_{(1)}-x_{(n-1)}}\right)$	8	0.554	0.683
	9	0.512	0.635
	10	0.477	0.597
$d_{21}=\frac{x_{(n)}-x_{(n-2)}}{x_{(n)}-x_{(2)}}$ $\left(d'_{21}=\frac{x_{(1)}-x_{(3)}}{x_{(1)}-x_{(n-1)}}\right)$	11	0.576	0.679
	12	0.546	0.642
	13	0.521	0.615
	14	0.546	0.641
	15	0.525	0.616
	16	0.507	0.595
	17	0.490	0.577
$d_{22}=\frac{x_{(n)}-x_{(n-2)}}{x_{(n)}-x_{(3)}}$ $\left(d'_{22}=\frac{x_{(1)}-x_{(3)}}{x_{(1)}-x_{(n-2)}}\right)$	18	0.475	0.561
	19	0.462	0.547
	20	0.450	0.535
	21	0.440	0.524
	22	0.430	0.514
	23	0.421	0.505
	24	0.413	0.497
	25	0.406	0.489

$$d_{11} = 0.250 < d_0 \ (10, \ 0.01) = 0.597$$

说明 $x_{(10)}$ 不是异常值

$$d'_{11} = \frac{x_{(1)} - x_{(2)}}{x_{(1)} - x_{(n-1)}} = \frac{5.27 - 5.28}{5.27 - 5.31} = 0.250$$

$$d'_{11} = 0.250 < d_0 \ (10, \ 0.01) = 0.597$$

说明 $x_{(1)}$ 也不是异常值。由此,可以得出结论,该组观测值中没有粗差和异常值,是一组较好的观测成果。

11.3　稳健估计法

传统的统计方法建立在所研究的母体满足一定的假设这一前提下。例如,在测量误差的处理时,通常假定误差服从正态分布,而且所抽取的子样彼此独立等,在这种前提条件下,可实施最小二乘法平差,以求得未知数的最佳无偏估值。

但实际测量中,误差的分布往往并非如此理想。许多统计学家通过对大量数据的研究和分析发现,在一大群观测结果中,有时会产生 $5\% \sim 10\%$ 的异常值。这种现象应是正常的,并且是不可避免的。特别是在精密工程中,测量误差的实际分布与正态分布相比还有差别,也就是说,出现较大误差的概率比正态分布略大些。在这种情况下,若采用最小二乘法,由于其对含有粗差的观测值相当灵敏,个别粗差也会对估计参数产生较大的影响,即最小二乘法对模型误差缺乏抗干扰性。针对最小二乘法这一缺陷,在实际工作中,要求测量工作者研究具有抗干扰性能的统计方法来处理含有异常值的观测数据,使所估计的参数具有良好的性质,并接近最优。当实际模型与假定模型差别较小时,所估计的参数变化也较小;当模型偏差较大时,所估计的参数变化也不会变得很大。具有上述性质的参数估计法称为稳健估计法。

11.3.1　稳健估计

稳健估计方法首先要建立一个统计模型,并拟定准则,找出最优的方法。稳健估计方法与传统的统计方法相比,是一个允许与传统方法的统计模型有一定偏离的模型。稳健估计所追求的并非只有稳健性统计方法,而且还要有良好的性能。Huber 曾提出一种见解,认为稳健估计的目的是寻求有以下性质的统计方法。

(1) 在实际模型与所假定的模型符合时,该方法具有良好的性能,但不必在某种标准下为最优。

（2）在实际模型与假定模型有少许差异时，其性能所受到的影响也较小。

（3）在实际模型与所假定模型有严重偏离时，其性能仍"过得去"，不至于造成灾害性的后果。

以上三条性质中（1）、（2）两条性质的背景是有一定的理由假定模型有某种形状（如正态），而且即使实际情况与其有偏差，程度也不会很大，要求所用的统计方法在这种情况下保持良好的性能，则具备了稳健性和有用性。第（3）条性质则要求该方法有较强的"抗差性"，做到这些要求所可能付出的代价是：当实际模型与假定模型符合时，方法不必具有最优。

从实用的观点看，这三条性质既合理又适度，但仍有一些含义有不太明确的说法，在个别情况下可把问题表达成严密的数学形式并作出相应的解，但因所使用的最优准则的局限性，这类解的意义仍是有限的。目前，稳健估计主要还只限于针对总体分布的形式，其稳健性在很大程度上只有相对的意义。

对于一个具体的问题，估值的稳健性可由下列条件定义：

$$\sum \rho \left(l, \hat{\theta}_n \right) = \min \tag{11-4}$$

或

$$\sum \phi \left(l, \hat{\theta}_n \right) = 0 \tag{11-5}$$

$$\phi \left(l, \hat{\theta}_n \right) = \frac{\partial \rho \left(l, \hat{\theta}_n \right)}{\partial \hat{\theta}_n}$$

式中，l 为观测值向量；θ_n 为估计函数。上述定义中的每个估计函数的 θ_n 称为极大似然估计。

为满足估值的稳定性，应在式（11-4）及式（11-5）中选用合适的 $\rho \left(l, \theta_n \right)$ 及 $\phi \left(l, \theta_n \right)$，使其有抗粗差的性能。若判断 ρ 和 ϕ 函数对粗差敏感程度的指标，通常可用影响函数表述。所谓的影响函数 IC，是指当附加观测值后，对所估计结果的影响程度。影响函数 IC 与 $\phi \left(l, \theta_{lF} \right)$ 成正比，即

$$IC \left(l, F, \hat{\theta} \right) = \alpha \phi \left(l, \hat{\theta} \left(F \right) \right) \tag{11-6}$$

式中，α 为比例系数；F 为正常观测值的分布函数 $F \left(l \right)$。

从影响函数 IC 出发，一个极大似然估计可以通过以下措施达到稳健化：

（1）粗差对平差结果的影响应该有一个上限。

（2）通常误差对平差结果的影响应随着误差的增大而逐步增大，具有线性关系，即影响函数的提高率也应有一个上限。

（3）大于某个限值的粗差对平差结果不应产生影响，即应设置一个影响值 IC＝0 的误差界。

（4）误差的小变动不应引起结果的大变动。

（5）为了保证估值的稳定性，影响函数的提高率也应有一个下限，以保证解算中能快速收敛。

为了更好地说明问题，设某平差问题中误差方程为

$$V = BX - L \tag{11-7}$$

在目标函数 $\sum \rho_i V_i^2 = \min$ 条件下求解，即为传统的最小二乘法平差。

若取 $\sum \rho\,(V_i) = \min$ 为稳健估计的目标函数，即稳健估计的函数模型一般可归纳为

$$\left.\begin{array}{c} \sum \rho(V_i) = \min \\ V = BX - L \end{array}\right\} \tag{11-8}$$

令

$$\phi\,(x) = \frac{\partial \rho\,(x)}{\partial x} \tag{11-9}$$

则可得

$$\sum p(v_i) = \min$$

$$\sum \phi(V_i)b_i = \sum (v_i)\frac{\phi(V_i)}{V_i}b_i = \sum b_i^{\mathrm{T}}W_iV_i = B^{\mathrm{T}}WV = 0 \tag{11-10}$$

式中，$W_i = \dfrac{\varphi\,(V_i)}{V_i}$，将式（11-7）代入上式，则得

$$B^{\mathrm{T}}WBX - B^{\mathrm{T}}WL = 0 \tag{11-11}$$

式中，权 W 是改正数 V_i 的函数。常用的解算方法是采用权迭代法求取式（11-10）的解，以 Huber 方法为例，所选的模型如下：

$$\rho\,(V) = \begin{cases} V^2/2, & |V| \leqslant C_\sigma \\ C_\sigma|V| - (C_\sigma)^2/2, & |V| > C_\sigma \end{cases} \tag{11-12}$$

$$\varphi\,(V) = \begin{cases} V, & |V| \leqslant C_\sigma \\ C_{\sigma\mathrm{sgn}(V)}, & |V| > C_\sigma \end{cases} \tag{11-13}$$

$$P\,(V) = \begin{cases} 1, & |V| \leqslant C_\sigma \\ C_\sigma/|V|, & |V| > C_\sigma \end{cases} \tag{11-14}$$

式中，σ 为先验观测中误差；C 为系数，通常取 $C = 0.7 \sim 2.0$。此方法是一次范数最小平差的权迭代最小二乘平差法，但计算中容易出现不收敛现象，解算结果会有小的偏差。

11.3.2　一次范数最小平差方法

范数的概念通常是由点与点之间距离概念的抽象推广而来的，一个范数是定

义在线性空间上的非负函数。在空间 R'' 上可定义以下的范数：

$$\| V \|_1 = \sum_{i=1}^{n} | V_i | \tag{11-15}$$

$$\| V \|_2 = (\sum_{i=1}^{n} | V_i |^2)^{\frac{1}{2}} \tag{11-16}$$

$$\| V \|_P = (\sum_{i=1}^{n} | V_i |^P)^{\frac{1}{P}} \tag{11-17}$$

以上各式分别是一次范数、二次范数和 P 次范数。定义的一次范数空间通常称为"路程空间"，二次范数空间称为"欧氏空间"。

在线性赋范空间中，若最佳逼近唯一，则称该空间为严格凸赋空间，相应的范数为严格凸范数。二次范数是严格凸范数，而一次范数为非严格凸范数，所以最小二乘平差（LS）具有唯一的平差解，而一次范数最小平差（$L-1$）有时不唯一。

稳健估计中的一次范数最小估计方法具有较强的抗差能力，在精密工程测量的数据处理中有极好的应用价值并有较好的发展前景和研究价值。

一次范数最小平差法的数学模型通常用下式表达：

$$\left. \begin{array}{l} \sum | P_i V_i | = \min \\ V = BX + L \end{array} \right\} \tag{11-18}$$

1. $L-1$ 平差稳健性

在测量的数据处理中，通常对观测数据的处理都是在预先假定的模型基础上进行的。如果假定的模型与实际数据不相配而发生较大的偏离，则处理的结果将会出现错误，这是不允许的。

假定的模型与客观现实之间的差异，常称为"模型误差"，一般表示为

$$F = M - W \tag{11-19}$$

式中，F 表示真误差；M 表示假定数学模型；W 表示未知的客观现实。

传统的最小二乘法是假定观测误差服从正态分布。显然，其模型误差就是系统误差和粗差。系统误差通常具有一定的规律性，可采用各种方法减少其影响。因此，对于模型误差，主要考虑粗差的影响。

一次范数最小平差是一种主要的稳健估计方法，由于服从最小条件 $\sum | P_i V_i | = \min$，由式（11-6），取 $\alpha=1$，可求得其影响曲线 IC。由进一步分析可知：误差 ε 对平差结果的影响为定值 ± 1，它不随 ε 的增大而增大，所以 $L-1$ 平差具有很强的稳健性。相反，对于 LS 平差，误差 ε 对平差结果的影响与误差 ε 的大小成反比。当观测值出现粗差时，平差结果将产生严重的偏离，所以

LS平差不是稳健估计方法。

2. $L-1$ 平差探测粗差的能力

实践已证实 $L-1$ 平差对模型误差有很强的抵御能力，并具备明显的粗差探测能力。

同时可以证明，在一次范数最小平差中，只对 $r=n-t$ 个观测值进行改正。如果观测值中有多于 r 个粗差存在，则 $L-1$ 平差就只能按从大到小的顺序发现其中 r 个较大的粗差。因此，在一次范数最小平差中发现粗差的最多个数为多余观测数 r。显然，多余观测越多，能探测粗差的个数就越多；反之，探测粗差的个数就越少。此外，粗差的位置区分可能性与改正数之间的相关性有关。以上这些就说明了 $L-1$ 平差探测粗差的能力。

3. $L-1$ 与 LS 平差的精度比较

通过上述讨论，已说明了 $L-1$ 平差与 LS 平差在抗差能力方面存在差别，现比较二者在平差精度方面是否存在差别。

当观测值含有粗差时，测量误差只服从近似正态分布，即 ε 污染的正态分布。若对某量 x 进行了等精度的 n 次观测，可得子样 x_1, x_2, $\cdots$, x_n。按 LS 平差时，样本均值 $\bar{x}$ 仍服从渐近正态分布

$$\bar{x} \sim N\ (\mu,\ \sigma/\sqrt{n}) \tag{11-20}$$

$$\sigma = \sqrt{(1-\varepsilon)\ \sigma_0^2 + \varepsilon\sigma_1^2} \tag{11-21}$$

若按 $L-1$ 平差，则得样本中位值 M，且 M 服从渐近正态分布

$$M \sim N\left(\mu,\ \frac{1}{2f\ (\mu)\ \sqrt{n}}\right) \tag{11-22}$$

$$f\ (\mu) = \frac{1-\varepsilon}{\sigma_0\sqrt{2\pi}} + \frac{\varepsilon}{\sigma_1\sqrt{2\pi}} \tag{11-23}$$

因此，按 LS 及 $L-1$ 平差时，各自的中误差分别为

$$\sigma_x = \frac{\sigma}{\sqrt{n}} = \sqrt{\frac{1}{n}\ (1-\varepsilon)\ \sigma_0^2 + \varepsilon\sigma_1^2} \tag{11-24}$$

$$\sigma_M = \frac{1}{2f\ (\mu)\ \sqrt{n}} = \frac{\sigma_0\sigma_1}{(1-\varepsilon)\ \sigma_1 + \varepsilon\sigma_0}\sqrt{\frac{\pi}{2n}} \tag{11-25}$$

取以上两式的比值，且令 $\dfrac{\sigma_1}{\sigma_0} = K$，则得

$$\frac{\sigma_x}{\sigma_M} = \sqrt{\frac{2}{2\pi}}\frac{\left[\ (1-\varepsilon)\ K+\varepsilon\right]\ \sqrt{(1-\varepsilon)\ +\varepsilon K^2}}{K} \tag{11-26}$$

由式（11-26）可明显看出，若式（11-26）大于 1，即 $\sigma_x > \sigma_M$，$L-1$ 平差比 LS 平差精度高。分析式（11-26）可知：

（1）当污染分布的 $\dfrac{\sigma_1}{\sigma_0} < 3$，$\varepsilon < 10\%$ 时，LS 平差比 $L-1$ 平差精度高。即小污染且污染异常值的方差不太大时，LS 平差是有利的，或者说最优。

（2）当 $\dfrac{\sigma_1}{\sigma_0} > 4$，$\varepsilon < 5\%$ 时，$L-1$ 平差不仅在定位粗差中可发挥积极作用，而且平差后的精度比 LS 平差精度更高。

（3）当 $\varepsilon = 0$ 时，即观测值中不含粗差的情况，误差为正态分布，$L-1$ 平差精度为 LS 平差精度的 0.8 倍，即 $L-1$ 平差精度低于 LS 的平差精度。

由以上分析结果可看出，两种平差方式各有特色。当观测值中含有粗差，测量误差服从近似正态分布时，$L-1$ 平差抗差能力强，平差精度优于 LS 平差。当观测值中不含粗差，测量误差服从正态分布时，LS 平差精度优于 $L-1$ 平差。

习题与思考题

1. 精密工程测量误差主要来源于哪几个方面？
2. 试述粗差判别和剔除的主要方法。
3. 简述莱因达准则、格拉布斯准则和狄克逊准则的原理与应用。
4. 试述稳健估计方法的特点和基本原理。

参 考 文 献

陈永奇等.1996.高等应用测量 [M].武汉：武汉测绘科技大学出版社

华锡生等.2002.精密工程测量技术及应用 [M].南京：河海大学出版社

黄声享等.2003.变形监测数据处理 [M].武汉：武汉大学出版社

孔祥元，梅是义.2002.控制测量学（上册，第二版）[M].武汉：武汉大学出版社

李金海等.2003.误差理论与测量不确定度评定 [M].北京：中国计量出版社

李庆海等.1980.概率统计原理和在测量中的应用 [M].北京：测绘出版社

梁振英等.2004.精密水准测量的理论和实践 [M].北京：测绘出版社

林文介等.2003.测绘工程学 [M].广州：华南理工大学出版社

刘大杰等.1996.全球定位系统（GPS）的原理与数据处理 [M].上海：同济大学出版社

刘开第等.1999.不确定性信息数据处理及应用 [M].北京：科学出版社

宁津生等.2004.测绘学概论 [M].武汉：武汉大学出版社

钱绍圣.2002.测量不确定度 [M].北京：清华大学出版社

覃辉等.2004.土木工程测量 [M].上海：同济大学出版社

王侬等.2001.现代普通测量学 [M].北京：清华大学出版社

王雪文等.2004.传感器原理及应用 [M].北京：北京航空航天大学出版社

吴翼麟等.1993.特种精密工程测量 [M].北京：测绘出版社

杨俊志.2004.全站仪的原理及其检定 [M].北京：测绘出版社

杨俊志等.2005.数字水准仪的测量原理及其检定 [M].北京：测绘出版社

张坤宜等.2003.交通土木工程测量 [M].武汉：武汉大学出版社

张文春等.2002.土木工程测量 [M].北京：中国建筑工业出版社

张正禄等.2005.工程测量学 [M].武汉：武汉大学出版社

章书寿等.1994.工程测量 [M].北京：水利电力出版社

赵吉先.1987.电磁波测距三角高程代替水准测量 [J].工程测量，(4)：24~25

赵吉先.1997.秦山核电站重水堆工程首级精密工程控制测量中有关问题的探讨 [J].测绘通报，(11)：11~13

赵吉先等.1998.核电工程控制网的布设及其特点 [J].测绘工程，(4)：52~55

赵吉先.1999.试论温度对反应堆施工测量的影响 [J].测绘通报，(2)：24~26

赵吉先.2000.GPS用于工程测量若干问题探讨 [J].勘察科学技术，(5)：55~56

赵吉先.2004.GPS在带状工程控制网应用中有关问题探讨 [J].全球定位系统，(2)：18~20

赵吉先等.2004.反应堆穹顶吊装施工测量方法探讨 [J].测绘通报，(6)：38~39

赵吉先等.2005.地下工程测量 [M].北京：测绘出版社

赵吉先等.2005.全站仪比长基线场量化设计标准研究 [J].辽宁工程技术大学学报，(4)：514~516

赵吉先等.2007.3S集成技术在数字公路中应用 [J].测绘通报，(2)：21~23

赵吉先等.2008.电子测绘仪器原理与应用 [M].北京：科学出版社

赵吉先等.2008.贯通横向误差处理新方法的探讨 [J].测绘通报，(2) 10~12

周泽远等.1991.电磁波测距 [M].北京：测绘出版社